“河南省职业教育品牌示范学校建设项目”改革成果教材

计算机基础

主　编　霍红磊　吴　芳

副主编　张艳青　孟艳芳

贾永涛　何思煜

黄河水利出版社

·郑州·

内 容 提 要

本书是根据河南省中职对口升学大纲所编写的教材，是根据计算机基础课程标准编写完成的。本书主要内容包括：计算机基础知识、文字处理软件 Word 2007、表格处理软件 Excel 2007、文稿演示软件 PowerPoint 2007。

本书可供各类中等职业学校计算机应用专业教学使用，也可作为办公文秘人员的培训教材，以及其他学习计算机基础知识人员的参考用书。

图书在版编目(CIP)数据

计算机基础/霍红磊，吴芳主编. —郑州：黄河水利出版社，2020. 6

"河南省职业教育品牌示范学校建设项目"改革成果教材

ISBN 978-7-5509-2637-0

Ⅰ. ①计… Ⅱ. ①霍… ②吴… Ⅲ. ①电子计算机-职业教育-教材 Ⅳ. ①TP3

中国版本图书馆 CIP 数据核字(2020)第 064458 号

组稿编辑：田丽萍　　电话：0371-66025553　　E-mail：912810592@qq.com

出 版 社：黄河水利出版社　　网址：www.yrcp.com

地址：河南省郑州市顺河路黄委会综合楼 14 层　　邮政编码：450003

发行单位：黄河水利出版社

发行部电话：0371-66026940、66020550、66028024、66022620(传真)

E-mail：hhslcbs@126.com

承印单位：河南承创印务有限公司

开本：787 mm×1 092 mm　1/16

印张：8.75

字数：200 千字　　印数：1—1 000

版次：2020 年 6 月第 1 版　　印次：2020 年 6 月第 1 次印刷

定价：45.00 元

《计算机基础》编委会

前　言

本书是一本面向中等职业学校计算机应用专业的教材，将计算机的基本理论与实用知识进行了有机的整合，弱化了比较深奥的理论知识，加强了实用知识与技能的教学。本书在内容的选择上力求做到：理论知识以必需、够用为度，注重实用技术的介绍，注重培养学生基本职业技能，具有实用、适用、先进、精练、操作性强的特点。

本书由杞县职业中等专业学校承担编写工作，编写人员及编写分工如下：项目一由霍红磊编写，项目二由吴芳编写，项目三由张艳青、贾永涛编写，项目四由孟艳芳、何思煜编写。本书由霍红磊、吴芳担任主编，霍红磊负责全书统稿；由张艳青、孟艳芳、贾永涛、何思煜担任副主编。

本书在编写过程中，得到了各院校的专家、教授以及出版社的支持、帮助。同时，参考了不少相关资料、著作，对提供帮助的同仁及资料、著作的作者，在此一并致以诚挚的谢意！

由于编者水平有限，书中难免存在疏漏和不足之处，恳请广大师生及专家、读者批评指正。

编　者

2020 年 2 月

目 录

前 言
项目一 计算机基础知识 …… (1)
任务一 计算机的发展 …… (1)
任务二 计算机的特点、分类和应用领域 …… (2)
任务三 计算机系统组成 …… (4)
任务四 微型计算机的组成 …… (10)
实训题 …… (24)
项目二 文字处理软件 Word 2007 …… (26)
任务一 Word 2007 基本操作 …… (26)
任务二 Word 2007 文档的编辑 …… (27)
任务三 Word 2007 文档的格式化 …… (33)
任务四 Word 2007 图文混排 …… (39)
任务五 Word 2007 中的表格操作 …… (42)
任务六 Word 2007 的其他功能 …… (45)
实训题 …… (46)
项目三 表格处理软件 Excel 2007 …… (62)
任务一 表格数据的输入、编辑及打印输出 …… (62)
任务二 管理、美化工作表 …… (71)
任务三 数据的筛选、排序及分类汇总 …… (77)
任务四 公式与函数 …… (79)
任务五 图 表 …… (80)
任务六 数据透视表 …… (84)
实训题 …… (86)
项目四 文稿演示软件 PowerPoint 2007 …… (96)
任务一 演示文稿的基本操作 …… (96)
任务二 PowerPoint 2007 幻灯片的编辑 …… (97)
任务三 PowerPoint 2007 幻灯片的静态效果设置 …… (101)
任务四 PowerPoint 2007 幻灯片的动态效果设置 …… (105)
任务五 PowerPoint 2007 综合操作一 …… (111)
任务六 PowerPoint 2007 综合操作二 …… (116)
实训题 …… (122)
参考文献 …… (132)

项目一 计算机基础知识

任务一 计算机的发展

世界上第一台电子计算机1946年2月诞生于美国宾夕法尼亚大学,它的名称叫ENIAC(Electronic Numerical Integrator And Computer,ENIAC)。它使用了18 800多个真空电子管,质量达30 t,占地面积170 m^2,每秒可进行5 000次加法运算。虽然现在看来其结构还不够合理、功能不够完善、运算速度慢、操作比较麻烦,但它标志着人类从此进入了电子计算机时代。

电子计算机的理论模型是由英国的数学家图灵(Alan Mathison Turing,1912~1954年)在1936年发表的一篇名为《论可计算数及其在判定问题上的应用》论文中奠定的基础。因此,美国计算机协会(ACM)在1966年纪念电子计算机诞生20周年之际,决定设立计算机界的第一个奖项——"图灵奖"(又称为计算机界的诺贝尔奖),以纪念这位计算机科学理论的奠基人。

从第一台计算机问世以来,经历了70多年的时间。这在人类历史上仅仅是短暂的一瞬,但计算机的发展却经历了电子管、晶体管、集成电路、大规模集成电路等四代。

(1)第一代:电子管计算机(1946~1957年)。

采用电子管作为基本器件,内存采用磁鼓,外存采用磁带、纸带、卡片等。它体积大、耗电多、可靠性差、速度慢,主要用于数值计算。

(2)第二代:晶体管计算机(1958~1964年)。

采用晶体管作为基本器件,内存使用磁芯,外存采用磁盘和磁带。其运算速度大大提高,不仅用于数值计算,而且还用于数据处理。

(3)第三代:集成电路计算机(1965~1970年)。

采用集成电路作为基本器件,体积小、功耗低、速度快、可靠性也相应地提高,这就促进了计算机的应用范围进一步扩大。它应用于科学计算、数据处理、过程控制等领域。

(4)第四代:大规模集成电路计算机(1971年至今)。

采用大规模集成电路作为逻辑开关元件,内存采用半导体存储器,外存采用磁盘、光盘,体积、质量、价格大幅度降低,运算速度达到每秒数十亿次以上。计算机的应用领域进一步扩大,尤其是在信息处理领域。

随着大规模集成电路的迅速发展,计算机进入大发展时期,通用机、巨型机、小型机、微型机以及工作站都得到了广泛的应用。

任务二 计算机的特点、分类和应用领域

一、计算机的特点

(一)运算速度快

运算速度是指计算机每秒钟能执行多少条指令,常用单位是 MIPS,即每秒百万条指令。计算机的运算速度从最初的每秒数千次发展到现在每秒上千亿次,这是任何传统计算工具都不能比拟的。例如,主频为 2 GHz 的 Pentium 4 微型计算机的运算速度为每秒 20 亿次,即 2 000 MIPS。

(二)计算精确度高

计算机计算的数据有效位可以精确到数十位甚至上百位,计算的精度由计算机的字长和采用的计算算法决定。例如,Pentium 4 微型计算机内部数据为 32 位(二进制),可以精确到 15 位有效数字(十进制)。

(三)逻辑判断能力强

计算机具有准确判断能力,计算机通常只用 0 和 1 两个数字来存储信息,做逻辑判断时也是根据 0 和 1 来进行判断的,因此它不会给出模棱两可的答案,“是”就是“是”,“不是”就是“不是”。

(四)“记忆”能力强

计算机能存储大量数字、文字、图片、声音和视频等信息,“记忆力”大得惊人,它可以轻易地“记住”一个大型图书馆的所有资料,并且可以随时根据需要调出来使用而不会丢失。

计算机的计算能力、逻辑判断能力和记忆功能结合起来,便可以让计算机来模仿人的某些活动,现在流行的一些游戏软件如下棋、打牌、即时战略等就是利用计算机这些功能编制出来的。1993 年 9 月,在英特尔国际象棋大奖赛中,世界第一高手被名为“天才一号”的计算机象棋系统淘汰出局。

(五)高度的自动化功能和灵活性

计算机可以将预先编好的一组指令(称为程序)先“记”起来,然后自动地逐条取出这些指令并执行,工作过程完全自动化,不需要人的干预。计算机是最忠实的朋友,它能一丝不苟地执行用户的指令,自动处理好全部问题。

二、计算机的分类

(一)按信号类型分类

根据计算机处理的信号类型的不同,计算机可分为模拟计算机和数字计算机两大类。

(1)模拟计算机的主要特点是:参与运算的数值由不间断的连续量表示,其运算过程是连续的。模拟计算机由于受元器件质量影响,其计算精度较低,应用范围较窄,目前已很少生产。

(2)数字计算机的主要特点是:参与运算的数值用断续的数字量表示,其运算过程按

数字位进行计算。数字计算机由于具有逻辑判断等功能,以近似人类大脑的“思维”方式进行工作,所以又称为“电脑”。

(二)按用途分类

数字计算机按用途可分为专用计算机和通用计算机。

(1)专用计算机针对某类问题能显示出最有效、最快速和最经济的特性,但它的适应性较差,不适于其他方面的应用。例如导弹和火箭上使用的计算机大部分就是专用计算机。

(2)通用计算机适应性很强,应用面很广,但其运行效率、速度和经济性依据不同的应用对象会受到不同程度的影响。

(三)按规模分类

按规模划分,依据IEEE(美国电气和电子工程师协会)的划分标准,计算机可分为以下几类。

1. 巨型机

巨型机也称为超级计算机,在所有计算机类型中价格最贵、功能最强、浮点运算速度最快。多用于战略武器的设计、空间技术、石油勘探等领域。巨型机的研制水平、生产能力及其应用程度,已成为衡量一个国家经济实力和科学水平的重要标志。

2. 小巨型机

小巨型机是小型超级电脑或称桌上型超级计算机,功能略低于巨型机,但价格仅为巨型机的1/10。

3. 大型主机

大型主机或称大型电脑,特点是大型、通用,具有很强的处理和管理能力,主要用于大银行、大公司、规模较大的高校和科研院所。在计算机向网络迈进的时代,仍有大型主机的生存空间。

4. 小型机

小型机的结构简单,可靠性高,成本较低,对于广大中、小用户,比昂贵的大型主机具有更大的吸引力。

5. 工作站

工作站是介于PC机和小型机之间的一种高档机,其运算速度比微机快,且具有较强的联网功能。主要用于特殊的专业领域,如图像处理、计算机辅助设计等。

6. 微型机

微型机或称PC机,以其设计先进、软件丰富、功能齐全、价格便宜等优势而拥有广大的用户。PC机除台式机外,还有膝上型、笔记本、掌上型、手表型等。

三、计算机的应用领域

随着信息产业的发展,计算机与人们的联系越来越紧密,它的应用范围也随之越来越广。总的来说,计算机的应用领域大致可以分为以下五类。

(一)计算机在科学计算和科学研究方面的应用

必须使用计算机才能解决的科学计算问题,在计算机发明之前就大量存在。现在,随着科学技术的发展,从基础学科到天文学、物理学、化学等领域,这类复杂的计算越来越多,采用计算机进行处理,可以节省大量的人力、物力和财力,可以节约时间。所以,这方面的应用是计算机最基础的应用。

(二)计算机在数据和信息处理方面的应用

信息是指日常生活中遇到的数字、声音、图像等一切事物。信息是一个抽象的概念,包含范围很广。计算机一个重要的功能就是用来处理信息,从某种意义上来说,可以称之为"信息处理机"。从纯粹的数值计算到信息处理,是计算机应用领域的一大飞跃。比较常见的有管理信息系统(Management Information System,MIS)和办公自动化(Office Automation,OA)。据统计,世界上 80%的计算机主要用于信息处理。

(三)计算机在辅助工程方面的应用

计算机辅助工程是指利用计算机可以辅助人们去做各种工作,如计算机辅助设计(CAD)、计算机辅助制造(CAM)、计算机辅助测试(CAT)、计算机辅助教学(CAI)等。

(四)计算机在控制领域的应用

由于计算机具有高速计算和逻辑判断能力,可以把计算机要做的事情列一个"清单"——编制成程序,计算机是我们忠实的伙伴,事情交代清楚之后,它就会不折不扣地完成。火箭和导弹就是这样被发射出去的。计算机的高速运算能力和准确的逻辑判断能力非常适合生产过程和导弹、大炮发射过程的实时控制。

(五)计算机在网络方面的应用

网络技术带来了信息产业的又一次革命。利用计算机网络可以实现一个地区、一个国家甚至整个世界范围内联网的计算机的软、硬件资源共享,可以促进地区间的信息交流。网络的发展使人们不再孤单,世界不再陌生,整个地球变成了名副其实的"地球村"。可以这样说,网络改变了人们的生活方式。

任务三　计算机系统组成

一、计算机系统概述

(一)冯·诺依曼计算机

在研制 ENIAC 的过程中,著名的数学家冯·诺依曼(美籍匈牙利人)首先提出了计算机内存储程序的概念,并与莫尔小组合作设计了人类第一台具有内部存储程序功能的 EDVAC(Electronic Discrete Variable Automatic Computer,EDVAC)(电子离散变量自动计算机)。这台计算机有以下三个特点。

(1)EDVAC 包括运算器、控制器、存储器、输入设备和输出设备五大基本部件,以运算器为中心,由控制器控制,采用二进制存储和运算,指令由操作码和地址码组成,程序在存储器中顺序存储、顺序执行。

(2)依据二进制模拟开关电路的两种状态,计算机要执行的指令和数据都用二进制表示。

(3)将编好的程序和数据送入内存储器,然后计算机自动地逐条取出指令和数据进行分析、处理和执行。

冯·诺依曼提出的计算机存储程序的概念和计算机硬件基本结构的思想,奠定了计算机发展的基础,现代计算机仍然保留这些工作原理和特征,因此冯·诺依曼被称为“计算机之父”,把发展至今的整个四代计算机称为“冯氏计算机”或“冯·诺依曼机”。

(二)计算机系统的组成

根据冯·诺依曼的思想,一个完整的计算机系统由硬件系统和软件系统两部分组成,如图 1-1 所示。硬件系统是组成计算机系统的各种物理设备的总称,是计算机系统的物质基础。软件系统是为了运用、管理和维护计算机而编制的各种程序、数据和相关文档的总称。通常把不装备任何软件的计算机称为裸机。普通用户所面对的一般都不是裸机,而是在裸机上配置若干软件之后构成的计算机系统。计算机系统的各种功能都是由硬件和软件共同完成的。

- 计算机系统
  - 硬件系统
    - 主机
      - 中央处理器(CPU)
        - 控制器
        - 运算器
      - 内存储器(内存)
        - 随机存储器(RAM)
        - 只读存储器(ROM)
        - 高速缓冲存储器(Cache)
    - 外设
      - 外存储器(外存)
        - 软盘
        - 硬盘
        - 光盘
      - 输入设备(Input)
        - 键盘
        - 鼠标
        - 扫描仪
      - 输出设备(Output)
        - 显示器、投影机
        - 打印机
        - 绘图仪
  - 软件系统
    - 系统软件
      - 操作系统
      - 语言处理程序
      - 数据库管理系统
      - 网络通信管理程序
    - 应用软件
      - 应用软件包
      - 用户程序

图 1-1 计算机系统的组成

二、计算机硬件系统

计算机硬件系统一般由控制器、运算器、存储器、输入设备和输出设备五大部分组成,如图 1-2 所示。

(一)控制器

控制器是计算机的指挥中心,负责从存储器中取出指令,并对指令进行译码;根据指令的要求,按先后顺序,负责向其他各部件发出控制信号;保证各部件协调一致地工作。

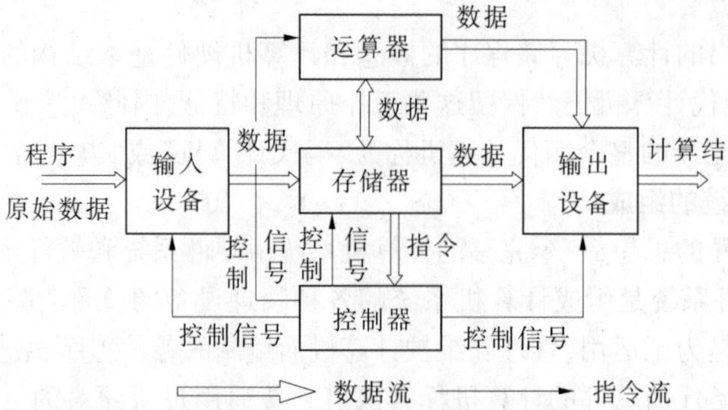

图 1-2 计算机的硬件系统

控制器主要由指令寄存器、译码器、程序计数器和操作控制器等组成。

(二)运算器

运算器是计算机的核心部件,它负责对信息的加工处理。运算器是在控制器的控制下,与内存交换信息,并进行各种算术运算和逻辑运算,所以在运算器内部有一个算术逻辑单元(Arithmetic and Logic Unit,ALU)。运算器还具有暂存运算结果的功能,它由加法器、寄存器、累加器等逻辑电路组成。

控制器和运算器在结构关系上是非常密切的。到了第四代计算机,由于半导体工艺的进步,将运算器和控制器集成在一个芯片上,形成中央处理器(Central Processing Unit,CPU)。

(三)存储器

存储器是计算机记忆或暂存数据的部件,它负责存放程序和数据。计算机中的全部信息,包括原始的输入数据、经过初步加工的中间数据以及最后处理完成的有用信息都存放在存储器中。按存储器的作用可分为主存储器(内存)和辅助存储器(外存)。

存储器中能够存放的最大数据信息量称为存储器的容量。存储器容量的基本单位是字节(Byte,B)。存储器中存储的一般是二进制数据,二进制数只有 0 和 1 两个代码,因而计算机技术中常把一位二进制数称为一位(1 bit),1 个字节包含 8 位,即 1 Byte = 8 bit。为了便于表示大容量存储器,实际当中还常用 kB、MB、GB、TB 作为单位,其关系为:

1 kB = 1 024 B, 1 MB = 1 024 kB, 1 GB = 1 024 MB, 1 TB = 1 024 GB

把信息从存储器中取出,而又不修改存储器内容的过程称为读操作;把信息存入存储器的过程称为写操作,写操作可以修改存储器中原有的内容。

(1)主存储器简称主存,是计算机系统的信息交流中心。绝大多数的计算机主存是由半导体材料构成的。按存取方式来分,主存又分为随机存储器(读写存储器)和只读存储器。

①随机存储器(Random Access Memory,RAM)的主要特点是既可以从中读出数据,又可以写入数据;RAM 是短期存储器,只要断电,其存储内容将全部丢失。

RAM 按其结构可分为动态(Dynamic RAM)和静态(Static RAM)两大类。DRAM 的特点是集成度高,主要用于大容量内存储器;SRAM 的特点是存取速度快,主要用于高速缓冲存储器。

②只读存储器(Read Only Memory,ROM)的特点是只能读出原有内容,不能由用户再写入新内容。ROM 的数据是厂家在生产芯片时,以特殊的方式固化在上面的,用户一般不能修改。ROM 中一般存放系统管理程序,即使断电,ROM 中的数据也不会丢失,例如固化在主板上的 BIOS 程序。

(2)辅助存储器简称外存,属于外部设备,是内存的扩充。外存一般具有存储容量大,可以长期保存暂时不用的程序和数据,信息存储性价比较高等特点。通常,外存只与内存交换数据,而且存取速度也较慢。常用的外存有硬盘、光盘、U 盘等。

综上所述,内存的特点是直接与 CPU 交换信息,存取速度快,容量小,价格高;外存的特点是容量大,价格低,存取速度慢,不能直接与 CPU 交换信息。内存用于存放立即要用的程序和数据;外存用于存放暂时不用的程序和数据。内存和外存之间常常频繁地交换信息。需要指出的是,外存属于 I/O 设备,而且它只有与内存交换信息,才能被 CPU 处理。

(四)输入设备

输入设备用于接受用户输入的原始程序和数据,它是重要的人机接口,负责将输入的程序和数据转换成计算机能识别的二进制代码,并放入内存中。常见的输入设备有键盘、鼠标、扫描仪等。

(五)输出设备

输出设备可以将计算机运算处理的结果以用户熟悉的信息形式反馈给用户。通常输出形式有数字、字符、图形、视频、声音等类型。常见的输出设备有显示器、打印机、绘图仪等。

三、计算机软件系统

相对于计算机硬件而言,软件是计算机无形的部分,是计算机的灵魂。例如一个人,首先要有基本的骨骼架构(相当于计算机的硬件),还要有神经系统、循环系统、消化系统等(相当于计算机的软件)才能成为一个完整的人。软件可以对硬件进行管理、控制和维护。根据软件的用途可将其分为系统软件和应用软件。计算机系统层次如图 1-3 所示。

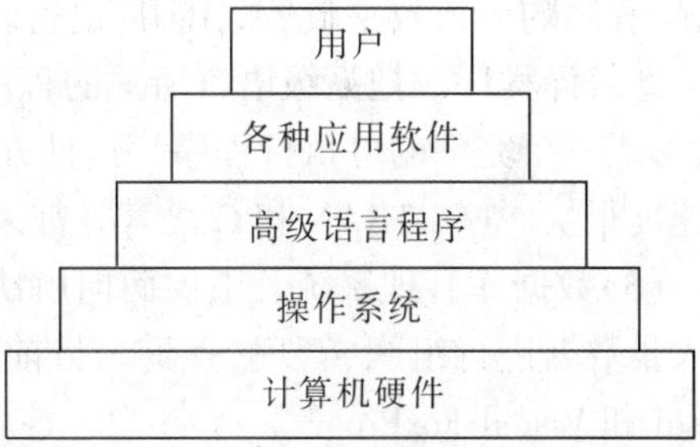

图 1-3 计算机系统层次关系

(一)系统软件

系统软件能够调度、监控和维护计算机资源,扩充计算机功能,提高计算机效率。系统软件是用户和裸机的接口,主要包括操作系统、语言处理程序、数据库管理系统等,其核心是操作系统。

(1)操作系统。操作系统是最基本、最重要的系统软件,用来管理和控制计算机系统中硬件和软件资源的大型程序,是其他软件运行的基础。操作系统负责对计算机系统的全部软、硬件和数据资源进行统一控制、调度和管理。其主要作用就是提高系统的资源利用率、提供友好的用户界面,从而使用户能够灵活、方便地使用计算机。目前,比较流行的操作系统有 Windows、Unix、Linux 等。

(2)语言处理程序。人与人交流需要语言,人与计算机交流同样需要语言。人与计算机交流信息使用的语言叫作程序设计语言。按照其对硬件的依赖程度,通常把程序设计语言分为三类:机器语言、汇编语言和高级语言。

①机器语言(Machine Language)是一种由二进制代码“1”和“0”组成的一组代码指令,是唯一可以被计算机硬件识别和执行的语言。机器语言的优点是占用内存小、执行速度快。但机器语言编写程序工作量大、程序阅读性差、调试困难。

②汇编语言(Assemble Language)是使用一些能反映指令功能的助记符来代替机器指令的符号语言。每条汇编语言的指令均对应唯一的机器指令。这些助记符一般是人们容易记忆和理解的英文缩写,如加法指令 ADD、减法指令 SUB、移动指令 MOV 等。汇编语言在编写、阅读和调试方面有很大进步,而且运行速度快。但是汇编语言仍然是一种面向对象的语言,编程复杂,可移植性差。

③高级语言(High Level Language)是一种独立于机器的算法语言。高级语言的表达方式接近于人们日常使用的自然语言和数学表达式,并且有一定的语法规则。高级语言编写的程序运行要慢一些,但是编程简单易学、可移植性好、可读性强、调试容易。常见的高级语言有 Basic、FORTRAN、C、Delphi、Java 等。

除机器语言外,采用其他程序设计语言编写的程序,计算机都不能直接运行,这种程序称为源程序,必须将源程序翻译成等价的机器语言程序,即目标程序,才能被计算机识别和执行。承担把源程序翻译成目标程序工作的是语言处理程序。

将汇编语言程序翻译成目标程序的语言处理程序称为汇编程序。将高级语言程序翻译成目标程序有两种方式,即解释方式和编译方式,对应的语言处理程序是解释程序和编译程序。

①解释程序。对高级语言程序逐句解释执行。这种方法的特点是程序设计的灵活性大,但程序的运行效率较低。Basic 语言就采用这种方法。

②编译程序。把高级语言所写的程序作为一个整体进行处理,编译后与子程序库链接,形成一个完整的可执行程序。这种方法的缺点是编译和链接较费时,但可执行程序运行速度很快。FORTRAN 和 C 语言等都采用这种方法。

(3)数据库管理系统。主要面向解决数据处理的非数值计算问题,对计算机中存放的大量数据进行组织、管理、查询。目前,常用的数据库管理系统有 SQL Server、Oracle、Mysql 和 Visual FoxPro 等。

(二)应用软件

应用软件是用户为解决各种实际问题而编制的计算机应用程序及相关资料。如微软的 Office 系列,就是针对办公应用的软件。

计算机软件已发展成为一个巨大的产业,软件的应用范围也涵盖了生活的方方面面,因此很多问题都由相应的软件来解决。表 1-1 列举了一些主要应用领域的软件。

计算机系统由硬件系统和软件系统组成。硬件是计算机系统的躯体,软件是计算机的灵魂。硬件的性能决定了软件的运行速度,软件决定了可进行的工作性质。硬件和软件是相辅相成的,只有将两者有效地结合起来,才能使计算机系统发挥应有的功能。

表 1-1　常用的应用软件

软件种类	软件举例
办公应用	Microsoft Office，WPS，Open Office
平面设计	Photoshop，Illustrator，Freehand，CorelDRAW
视频编辑和后期制作	Adobe Premiere，After Effects，Ulead 的会声会影
网站开发	FrontPage，Dreamweaver
辅助设计	AutoCAD，UG，Pro/E，Protel
三维制作	3DS Max，Maya
多媒体开发	Authorware，Director，Flash
程序设计	Visual Studio. net，Boland C++，Delphi

四、计算机的工作原理

按照冯·诺依曼“存储程序”的思想，为了能使计算机完成特定任务，用户必须首先根据该任务要求编写相应的程序，然后通过输入设备向控制器发出输入信息的请求，在得到控制器许可的情况下，输入设备把程序和数据送到存储器中并保存起来。随后，计算机系统就会在控制器的控制协调下，自动地运行程序，并把程序运行结果存入存储器。最后，在控制器的控制下输出设备把存储器中的运行结果输出，显示为用户容易识别的形式。

需要计算机完成某项任务时，首先要将任务分解为若干个基本操作的集合，计算机所要执行的基本操作命令就是指令。指令是计算机进行程序控制的最小单元，是采用二进制表示的命令语言。一个 CPU 能够执行的全部指令的集合就称为该 CPU 的指令系统。

每条指令都要求计算机完成一定的操作，它告诉计算机进行什么操作、从什么地方取指令、结果送到什么地方去等信息。计算机的指令系统一般包括数据传送指令、算术运算指令、逻辑运算指令、转移指令、输入输出指令和处理机控制指令等。一条指令通常由两个部分组成，即操作码和操作数，如图 1-4 所示。操作码用来规定指令进行什么操作，而操作数用来说明该操作处理的数据或数据所存储的单元地址。

操作码	操作数

图 1-4　指令格式

整个计算机工作过程的实质就是指令的执行过程，因为控制器对各个部件的控制都是通过指令来实现的。指令的执行过程可以分为下述四步：

（1）取指令。从存储器的某个地址中取出要执行的指令，送到控制器内部的指令寄存器中暂存。

（2）分析指令。把保存在指令寄存器中的指令送到指令译码器，译出该指令对应的微操作命令。

（3）执行指令。根据指令译码器向各个部件发出相应的控制信号，完成指令规定的各种操作。

(4)为执行下一条指令做好准备,即形成下一条指令地址。

计算机不断重复这个过程,直到组成程序的所有指令全部执行完毕,就完成了程序的运行,实现了相应的功能。

指挥计算机完成一种基本操作的命令称为指令。一台计算机能够识别的所有指令的集合叫作指令系统。不同类型的计算机,其指令系统一般也不同。指令系统越丰富,计算机对数据信息的运算和处理能力就越强。

任务四　微型计算机的组成

微型计算机也就是通常所说的 PC 机,它产生于 20 世纪 70 年代末。微型计算机采用的是具有高集成度的器件,不仅体积小、质量轻、价格低、结构简单,而且操作方便、可靠性高,目前大多数人使用的都是 PC 机。

从基本的硬件结构上看,微型计算机的核心是微处理器。从外观上看,微型计算机的基本硬件包括主机、显示器、键盘、鼠标。主机包括主板、硬盘、光存储器、电源和插在主板 I/O 总线扩展槽上的各种功能扩展卡,如图 1-5 所示。微型计算机还可以包含其他一些外部设备,如打印机、扫描仪等。为了结构紧凑,微型计算机将主板、接口卡、电源、扬声器等,以及属于外部存储设备的硬盘、软盘驱动器和光盘驱动器都装在一个机箱内,称为主机箱。也就是说,微型计算机的主机箱里装有外部设备。例如,磁盘驱动器属于外部存储器,相应的接口电路板属于外设附件,但不属于主机。PC 机的键盘、显示器、打印机等外部设备则置于主机箱之外。

一、计算机主机

(一)主板(Main Board)

主板又叫主机板,它安装在机箱内,是 PC 机最基本的也是最重要的部件之一。主板一般为矩形电路板,上面安装了组成计算机的主要电路系统,一般有 BIOS 芯片、I/O 控制芯片、键盘和面板控制开关接口、指示灯插接件、扩充插槽、主板及插卡的直流电源供电接插件等元件,如图 1-6 所示。

图 1-5　PC 机主机的内部结构

图 1-6　主板

主机板采用了开放式结构，主板上大都有6~8个扩展插槽，供PC机外围设备的控制卡（适配器）插接。通过更换这些插卡，可以对微机的相应子系统进行局部升级，使厂家和用户在配置机型方面有更大的灵活性。

（二）微处理器（Microprocessor）

微处理器是利用超大规模集成电路技术，把计算机的CPU（见图1-7）部件集成在一小块芯片上，形成一个独立的部件。微处理器包括运算器、控制器、寄存器、时钟发生器、内部总线和高速缓冲存储器（Cache）等。

图1-7　CPU

微处理器是微型计算机的核心，它的性能决定了整个计算机的性能。

衡量微处理器性能的最重要的指标之一是字长。微处理器中每个字包含的二进制位数称为字长。微处理器的字长有8位、16位、32位和64位，字长越长，运算精度越高，处理能力越强。早期的80286是16位微处理器，80386和80486是32位微处理器，多能Pentium系列虽然也是32位，但在技术上已经有了很大的提高，Pentium D的双内核是64位CPU。目前，主流CPU使用64位技术的主要有AMD公司的AMD64位技术、Intel公司的EM64T技术和Intel公司的IA-64技术。

微处理器另一个重要性能指标是主频。主频是指微处理器的工作时钟频率，在很大程度上决定了微处理器的运行速度。主频越高，微处理器的运算速度越快。主频通常用MHz（兆赫兹）表示。80486的主频为33~100 MHz，Pentium系列的主频为60 MHz~3.2 GHz。

目前流行的微处理器有Intel的Pentium 4、Pentium D、Pentium EE Core 2 Duo和Core 2 Extreme等系列和AMD的Athlon XP、Athlon 64 Fx、Athlon 64 X_2、AM_2 Sempron等系列。

（三）内存（Memory）

内存指的是主板上的存储部件，是CPU可直接访问的存储器。从外观上看，内存实质就是一组或多组具备数据输入输出和数据存储功能的集成电路。内存的容量和性能一直是衡量计算机整体性能的决定性因素之一。它负责存放当前CPU正在使用的数据和程序指令，以及处理后的结果数据。CPU与内存之间通过高速的系统总线直接沟通。在计算机开始工作时，CPU非常频繁地访问内存，通过程序指令进行数据运算和系统控制，而对硬盘等外存的操作却不太频繁，并且是通过内存间接与硬盘等外存进行数据交换的。

内存按工作原理可分为只读存储器ROM和随机存储器RAM。

（1）只读存储器ROM，数据不能被改写，掉电后数据不丢失。在计算机中常用于存储BIOS程序。ROM中的数据是在生产ROM的时候由厂家写入的。

（2）随机存储器RAM，它与ROM的主要不同是：数据可以写入，但掉电后数据将丢失。在计算机中常用于内部存储器（内存），存放运行的程序和数据。

RAM又可分为SRAM（静态随机存储器）和DRAM（动态随机存储器）。SRAM的特点是运行速度快，价格昂贵，体积相对来说比较大，CPU内部的一级缓存（L1 Cache）、二级缓存(L2 Cache),一般采用SRAM。DRAM就是用于构成计算机系统内存的RAM,被制成条状,称为内存条。DRAM比SRAM的存取速度慢,但比SRAM便宜,容量也可以做得更大。

内存条由内存芯片、SPD(系列参数预置检测)芯片、少量电阻等辅助元件,以及印刷电路板(PCB)组装而成。内存芯片俗称内存颗粒,它的性能决定了内存条的性能。目前,主流的内存芯片主要有DDR SDRAM(简称DDR)和DDR Ⅱ SDRAM(第二代同步双倍速率动态随机存取存储器,简称DDR Ⅱ)两种。DDR SDRAM是Double Data Rage SDRAM的缩写,指的是双数据脉冲随机存取存储器。它是SDRAM的更新换代产品,在时钟脉冲的上升沿和下降沿都可传输数据,这样DDR SDRAM就在不提高时钟频率的情况下,使数据传输率提高了1倍。在100 MHz下DDR SDRAM可提供100 MHz×2×8 Byte=1.6 GB/s的数据传输率,在133 MHz下可达到2.1 GB/s,具有非常诱人的发展前景。例如它以133 MHz运行,其实际工作频率就是266 MHz,带宽就是2.1 GB/s。DDR Ⅱ SDRAM是DDR SDRAM内存的换代产品,如图1-8所示,它的工作时钟预计将为400 MHz或更高,DDR Ⅱ内存将拥有400 MHz、533 MHz、667 MHz等不同的时钟频率。

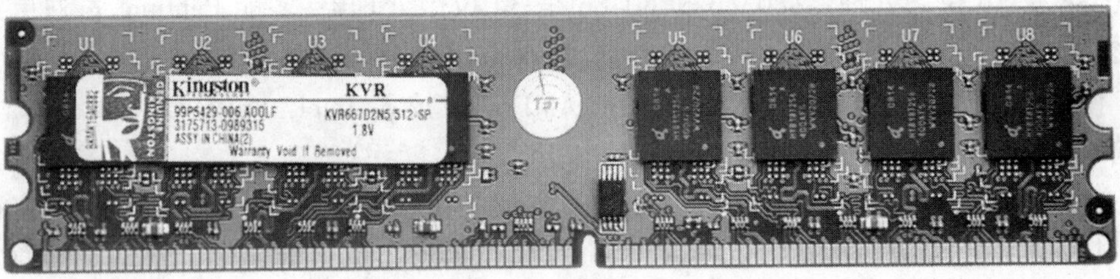

图1-8 DDR Ⅱ SDRAM内存条

(四)总线(Bus)

总线是信号线的集合,是模块间传输信息的公共通道,通过它实现计算机各个部件之间的通信,进行各种数据、地址和控制信息的传送,这组公共信号线就称为总线。总线是计算机各部件的通信线。

总线可以从不同的层次和角度进行分类。

按相对于CPU或其他芯片的位置,总线可分为片内总线(Internal Bus)和片外总线(External Bus)。

按功能,总线可分为地址总线(Address Bus)、数据总线(Data Bus)和控制总线(Control Bus)三类。

按照传送方式,总线可分为并行总线(Parallel Bus)和串行总线(Serial Bus)。

二、外存储器(External Memory)

外存储器主要有软盘存储器、硬盘存储器、光盘存储器和移动存储器。

(一)软盘存储器

软盘存储器由软盘驱动器和软磁盘组成。常用的软盘驱动器都是3.5 in(1 in=2.54 cm,后同),容量为1.44 MB。使用软盘时要注意软盘和软盘驱动器的兼容性。如今能够用到软盘的地方越来越少,最常见的用途就是当系统崩溃时用来引导电脑,修复系统,在此就不介绍了。

(二)硬盘存储器

硬盘存储器由硬盘片、硬盘驱动器和适配卡组成。硬盘片和硬盘驱动器简称为硬盘,是计算机最主要的外部存储器。硬盘结构如图 1-9 所示。

图 1-9 硬盘结构

硬盘按照盘片直径大小可分为 5.25 in、3.5 in、2.5 in 和 1.8 in 等多种规格。目前使用最多的是 3.5 in 硬盘。传统的盘片是由铝合金制成的,为了提高硬盘的存储密度和缩小硬盘的尺寸,现在大多数硬盘都采用玻璃材质,或采用玻璃陶瓷复合材料。盘片上涂有一层磁性材料,用来存储信息。通常每张盘片的每一侧都有一个读写头,这些读写头同一个运动装置连在一起,组成一组,所以读写头是同时在盘片上运动的。盘片被封装在一个密封的防尘盒里,以有效地避免灰尘、水滴等对硬盘的污染。

作为计算机系统的数据存储器,存储容量是硬盘最主要的参数。硬盘的容量一般以吉字节(GB)为单位,1 GB = 1 024 MB。但硬盘厂商在标称硬盘容量时通常取 1 GB = 1 000 MB,同时操作系统还会在硬盘上占用一些空间,所以在操作系统中显示的硬盘容量和标称容量会存在差异。因此,在 BIOS 中或在格式化硬盘时看到的容量会比厂家的标称值要小。目前的主流硬盘的容量为 320 GB 和 500 GB,而 1 TB 以上的大容量硬盘已开始逐渐普及。

硬盘的另一个性能指标是转速。转速是硬盘盘片在 1 min 内所能完成的最大转数。转速的快慢是标识硬盘档次的重要参数,在很大程度上直接影响硬盘的速度。硬盘的转速越快,硬盘寻找文件的速度也就越快,硬盘的传输速度也就提高了。硬盘转速以 rpm 表示,rpm 是 Revolutions Perminute 的缩写,是“转每分钟”。rpm 值越大,内部传输率就越快,访问时间就越短,硬盘的整体性能也就越好。目前市场上 7 200 rpm 的硬盘已经成为台式硬盘市场主流,服务器中使用的 SCSI 硬盘转速基本都采用 10 000 rpm,甚至还有 15 000 rpm 的,性能要超出家用产品很多。

硬盘的接口也是制约硬盘速度的重要因素。目前使用的接口主要有 Serial ATA 接口和 SCSI 接口。Serial ATA 接口一般主板自带，而 SCSI 接口则需要有相应的 SCSI 接口卡来支持。Serial ATA 接口，即串行 ATA，Serial ATA 以连续串行的方式传送数据，一次只会传送一位数据，使连接电缆的数目减少，效率更高，Serial ATA 1.0 定义的数据传输率可达到 150 Mbps，而 Serial ATA 2.0 的数据传输率可达 300 Mbps，最终将实现 600 Mbps 的最高传输率。SCSI 接口有很多的特点：SCSI 接口可以通过独立、高速的 SCSI 适器来控制数据的读写操作，可极大地避免 CPU 的等待时间，提高系统的整体性能。

（三）光盘存储器

光盘存储器由光盘驱动器（CD-ROM）和光盘组成。光驱的核心部件是由半导体激光器和光路系统组成的光学头。光盘片采用激光材料，数据存放在光盘片中连续的螺旋形轨道上。在光盘上有两种状态，即凹点和空白，它们的反射信号相反，如图 1-10 所示。当在光盘上读数据时，光驱利用光学反射原理，使检测器得到光盘上凹点的排列方式，驱动器中有专门的部件把它们转换成二进制的 0 和 1 并进行校验，然后才能得到实际数据。光盘在光驱中高速地转动，读取数据时激光头在电动机的控制下前后移动，从而读取光盘上的信息。

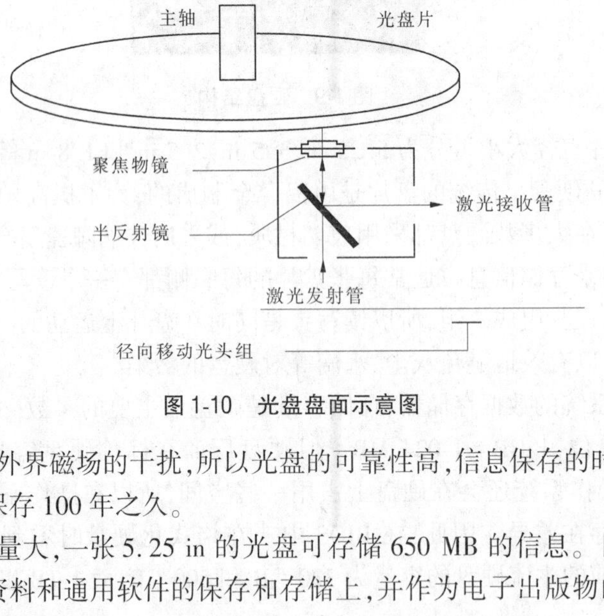

图 1-10　光盘盘面示意图

光盘不易受到外界磁场的干扰，所以光盘的可靠性高，信息保存的时间长。在正常室温下，光盘盘片可保存 100 年之久。

光盘的存储容量大，一张 5.25 in 的光盘可存储 650 MB 的信息。目前，光盘已经被广泛应用于图书、资料和通用软件的保存和存储上，并作为电子出版物的存储载体，部分代替了现有的纸类印刷品。

光盘驱动器按照数据传输率可分为单倍速、双倍速、4 倍速、8 倍速、16 倍速、24 倍速、32 倍速、48 倍速、52 倍速等，它们的数据传输率分别为 150 kB/s、300 kB/s、600 kB/s、900 kB/s、1.2 MB/s、2.4 MB/s、3.6 MB/s、4.8 MB/s、7.2 MB/s。数据传输率越高，数据的读取速度越快。目前，微型计算机一般使用的是 48 倍速以上的光盘驱动器。

根据光盘的性能不同，光盘分为只读型光盘、一次性写入光盘、可擦除光盘、数字多功能盘。

（1）只读型光盘（CD-ROM）。CD-ROM 是光盘的最早形式，也是使用最为广泛的一种。它由厂家写入程序或数据，出厂后用户只能读取，但不能写入和修改存储的内容。它的制作成本低、信息存储量大,而且保存时间长。

(2)一次性写入光盘(CD-R)。CD-R 允许用户一次写入多次读取。由于信息一旦被写入光盘便不能被更改,因此用于长期保存资料和数据等。

(3)可擦除光盘(CD-RW)。CD-RW 集成了软磁盘和硬磁盘的优势,既可以读数据,也可以将记录的信息擦去再重新写入信息。它的存储能力大大超过了软磁盘和硬磁盘。

(4)数字多功能盘(DVD)。DVD 集计算机技术、光学记录技术和影视技术等为一体,以满足人们对大存储容量、高性能的存储媒体的需求。DVD 光盘不仅已在音频/视频领域得到广泛应用,而且带动了出版、广播、通信和 WWW 等行业的发展。DVD 的容量一般为 4.7 GB,是传统 CD-ROM 的 7 倍,甚至更高。现在 DVD 的存储容量可高达 18 GB,逐渐成为未来 PC 中的主流部件。表 1-2 列出了各种类型 DVD 盘片的容量。

表 1-2 不同类型 DVD 盘片的容量

盘片类型	直径(cm)	面数/层次	容量(GB)	播放时间
DVD-5	12	单面单层	4.7	超过 2 个小时视频
DVD-9	12	单面双层	8.5	大约 4 个小时视频
DVD-10	12	双面单层	9.4	大约 4.5 个小时视频
DVD-18	12	双面双层	15	超过 8 个小时视频

(四)移动存储器

目前,常用的移动存储器有移动硬盘和闪存,如图 1-11 所示。

(1)移动硬盘。顾名思义是以硬盘为存储介质、强调便携性的存储产品。它的特点是容量大、传输速度快、使用方便。目前市场上绝大多数的移动硬盘都是以标准硬盘为基础的,只有很少部分的移动硬盘是以微型硬盘(1.8 in 硬盘等)为基础的,但价格因素决定着主流移动硬盘还是以标准笔记本硬盘为基础。因为采用硬盘为存储介质,因此移动硬盘在数据的读写模式上与标准 IDE 硬盘是相同的。移动硬盘多采用 USB、IEEE1394 等传输速度较快的接口,可以有较高的速度与系统进行数据传输。

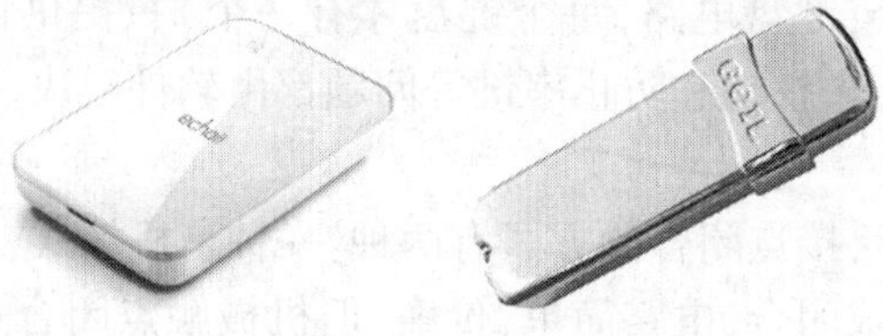

图 1-11 移动存储器

USB (Universal Serial Bus,USB)接口支持即插即用和热插拔。目前有 USB 1.1(传输速率为 12 MB/s)和 USB 2.0(传输速率为 480 MB/s)两个标准。现在的 USB 移动硬盘都使用笔记本专用的超薄硬盘,常见的有 12.5 mm 和 9.5 mm 两种规格。

IEEE1394 接口也叫作火线接口,它的数据传输率最高可达 400 MB/s,但很多的主板需要另外配置 IEEE1394 卡,所以通用性较小。

(2)闪存(Flash Memory)。闪存也就是 U 盘,是中国深圳朗科公司发明的。它采用一种新型的 EEPROM 内存,具有内存可擦、可写、可编程的优点,还具有体积小、质量轻、读写速度快、断电后资料不丢失等特点,所以被广泛应用于数码相机、MP3 播放器和移动存储设备。闪存的接口一般为 USB 接口,容量一般在 1 GB 以上。

三、输入设备(Input Device)

(一)键盘

键盘是最常用也是最主要的输入设备,通过键盘,可以将英文字母、数字、标点符号等输入到计算机中,从而向计算机发出命令、输入数据等。

自 IBM PC 推出以来,键盘发展经历了 83 键、84 键和 101/102 键阶段,Windows 95 面世后,在 101 键盘的基础上改进成了 104/105 键盘,增加了两个 Windows 按键。为了使人操作电脑更舒适,于是出现"人体键盘",如图 1-12 所示,键盘的形状非常符合两手的摆放姿势,操作起来特别轻松。

图 1-12　键盘

键盘是最普通的输入设备。键盘按产生编码的方式可分成编码键盘和非编码键盘。编码键盘中每一个键都有一个硬件电路——键电路,当该键按下后,键电路产生一个对应的编码信息(在系统中是唯一的)并通知 CPU,使 CPU 根据提供的信息得到该键的编码,并执行相应的操作。键电路还具有去抖动功能,以防止按键的过程中由于接触不良而产生错误信息。此外,键电路还能处理多键按下等其他情况。编码键盘的主要优点是容易使用,但键电路复杂且每键一个,价格较高。

在非编码键盘中,各键排列在一个分成行列的矩阵上。当键按下后,键盘电路(不是键电路,键电路每键一个;键盘电路,每个键盘才有一个)只提供该键所在的行列值。而后,键识别、寻找键编码、去抖动和防止串键等问题都由软件解决。显然,非编码键盘硬件较少,价格便宜。

PC 机的键盘按下后,接点闭合的方式有两种:一种是机械式,另一种是感应式。机械式使用普通机械触点完成闭合,电路简单、价廉,但机械触点闭合过程中抖动较大。感应式是利用按键与触板间距离的变化来判定按键是否按下;感应式无机械触点,抖动小、可靠,但价格较高。

(二)鼠标

鼠标首先应用于苹果电脑。随着 Windows 操作系统的流行,鼠标变成了必需品,更有些软件必须要安装鼠标才能运行。

1. 鼠标的分类

(1)按接口类型分类。鼠标有三种类型:串行鼠标、PS/2 型鼠标、USB 接口和无线鼠标,如图 1-13 所示。一般情况下,PS/2 型鼠标接口采用绿色,键盘接口采用紫色。

串行鼠标利用串行口,在电脑上为 COM1 或 COM2。PS/2 型鼠标使用一个 6 芯的圆形接口,它需要主板提供一个 PS/2 的端口,如图 1-14 所示。

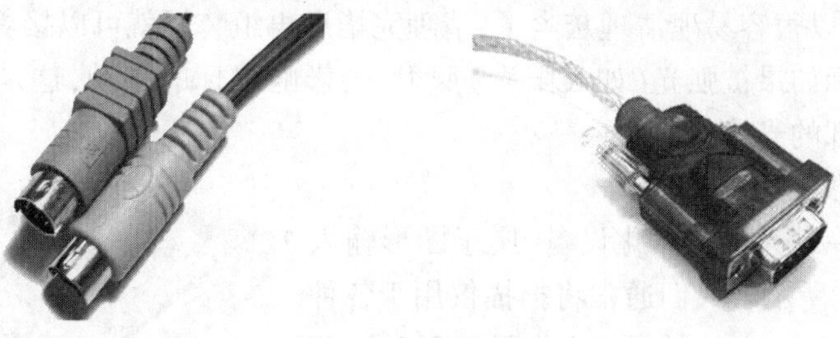

图 1-13 鼠标接口

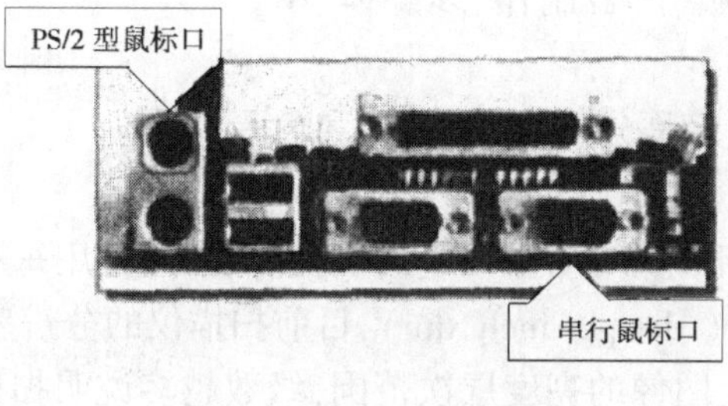

图 1-14 主板上鼠标接口

(2)按照鼠标的工作原理分类。鼠标分为光电式和机械式两种,如图 1-15 所示。

①光电式鼠标。光电式鼠标是利用光的反射来确定鼠标的移动,鼠标内部有红外光发射和接收装置,要让光电式鼠标发挥出强大的功能,一定要配备一块专用的感光板。光电式鼠标的定位精度要比机械式鼠标高出许多。

②机械式鼠标。打开鼠标后,可以看到机械式鼠标的结构,如图 1-16 所示。鼠标内有一个圆的实心的橡皮球,在它的上下方向和左右方向各有一个转轮和它相接触,这两个转轮各连接着一个光栅轮,光栅轮的两侧各有一个发光二极管和光敏三极管。

图 1-15 鼠标

图 1-16 机械式鼠标的结构

当鼠标移动时,橡皮球滚动,并带动两个飞轮转动,光敏三极管便感受到光线的变化,并把信号传输到鼠标内的控制芯片,再由芯片将鼠标的变化数据传给电脑。此时屏幕上的鼠标箭头就开始移动了。

2. 鼠标维护

对于机械式鼠标,用久了,灰尘容易附到橡皮球和转轮上,而且转轴上很容易积垢,使鼠标灵活性降低。所以,最好经常清理鼠标,可以将鼠标后部的螺丝打开,取下上面的塑料壳,这样就可以很容易地清理灰尘了,清理完毕后再组装好就可以接着用了。

光电式鼠标如果被强光(如太阳光)照射,会影响鼠标的移动,这是因为外界的光线影响了鼠标内部的光线变化。

(三)扫描仪(Scanner)

扫描仪是一种光电一体化设备,属于图形输入设备,如图1-17所示。人们通常将扫描仪用于各种形式的计算机图像、文稿的输入,进而实现对这些图像形式信息的处理、管理、使用、存储和输出。目前,扫描仪广泛应用于出版、广告制作、多媒体、图文通信等许多领域。

图1-17　扫描仪

扫描仪的主要性能指标是分辨率、灰度级和色彩数。

(1)分辨率,表示了扫描仪对图像细节的表现能力,通常用每英寸上扫描图像所包含的像素点表示,单位为dpi(dot per inch,dpi),目前扫描仪的分辨率为300~1 200 dpi。

(2)灰度级,表示灰度图像的亮度层次范围,级数越多说明扫描仪图像的亮度范围越大,层次越丰富。目前大多数扫描仪的灰度级为1 024级。

(3)色彩数,表示彩色扫描仪所能产生的颜色范围,通常用每个像素点上颜色的数据位数bit表示。

图形输入设备除扫描仪外还有摄像机、数码相机等。现在又出现了语音和手写输入系统,可以让计算机从语音的声波和文字的形状中领会到含义。

四、输出设备(Output Device)

(一)显示卡(显示适配器)

显示卡又称显示适配器,连接主机与显示器的接口卡,是用于控制计算机的图形输出设备,如图1-18所示。用显示卡连接显示器,才能够在显示屏幕上看到图像。

显示卡是系统必备的装置,它负责将CPU送来的影像资料处理成显示器可以识别的格式,再送到显示屏上形成影像,是从计算机获取资讯最重要的管道。首先将CPU从数据总线送来的数据送到显示卡芯片里进行处理,然后将处理完的数据存放在显存里,接着这些数据由显存送到RAM DAC进行数据转换,最后RAM DAC将转换完的数据送到显示器。

显示卡的技术指标如下:

(1)显存容量。决定了显示芯片能处理的数据量。其计算公式为:显存容量=颗粒容量×位宽×颗粒数÷8。

(2)显存带宽。指的是显存一次可以读入的数据量。显存带宽与显存工作频率之间有以下关系:显存带宽=工作频率×显存位宽。例如,GeForce 3 Ti200系列显示卡均采用了128 bit的DDR,如果显存速度为标准的5 ns,则其工作频率则为200 MHz,所以它的显

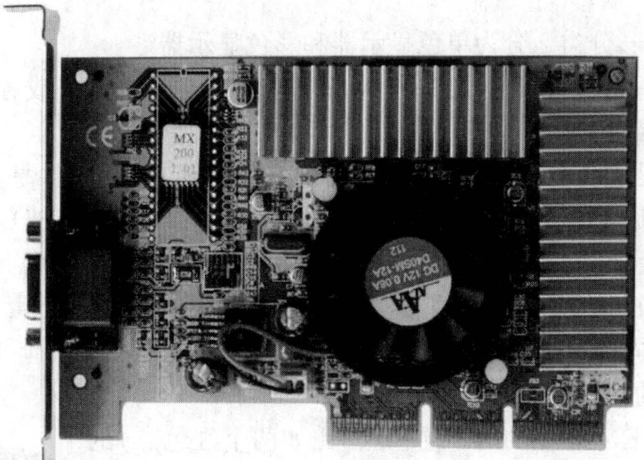

图1-18　显示卡

存带宽则为 200（MHz）×2×128（bit）÷8（bit）= 6.4（GB/s）。

(3)时钟周期和工作频率。显存的时钟周期一般以纳秒(ns)为单位,工作频率以 MHz 为单位,其与工作频率是相对应的,其关系为:工作频率=1/时钟周期×1 000。

(4)最大分辨率。指的是显示卡在显示器上所能描绘的像素点的数量,反映了视频图像的最大清晰度,由显示屏幕上的水平方向和垂直方向上的像素来表示。如显示分辨率为 800×600,表示在水平方向上有 800 个像素点,垂直方向上有 600 个像素点。

(5)色深。指的是每个像素可显示的颜色数,单位是 bit(位)。

现在主板上使用的接口基本上是 AGP 接口和 PCI 接口。目前,AGP 8X 总带宽达到 2 133 MB/s,是一种专用的显示接口,具有独占总线的特点,只有图像数据才能通过 AGP 端口。PCI Express 是新一代的总线接口,它采用了目前业内流行的点对点串行连接,它的双单工连接能提供更高的传输速率和质量。PCI Express 的接口根据总线位宽不同而有所差异,包括 X1、X4、X8 以及 X16(X2 模式将用于内部接口而非插槽模式)。用于取代 AGP 接口的 PCI Express 的接口位宽为 X16,将能够提供 5 GB/s 的带宽,即便有编码上的损耗但仍能够提供 4 GB/s 左右的实际带宽,远远超过 AGP 8X 的 2.1 GB/s 的带宽。依目前形式来看,PCI Express X1 和 PCI Express X16 将成为 PCI Express 的主流规格,同时芯片组厂商将在南桥芯片当中添加对 PCI Express X1 的支持,在北桥芯片当中添加对 PCI Express X16 的支持。除去提供极高数据传输带宽外,PCI Express 因为采用串行数据包方式传递数据,所以 PCI Express 接口每个针脚可以获得比传统 I/O 标准更多的带宽,这样就可以降低 PCI Express 设备生产成本和体积。另外,PCI Express 也支持高阶电源管理,支持热插拔,支持数据同步传输,为优先传输数据进行带宽优化。

(二)显示器

显示器又称为监视器,是计算机的主要输出设备之一。显示器的分类如下:

(1)按照显示器的显示管分类。分为传统的显示器,也就是采用电子枪产生图像的 CRT(Cathode-ray-tube 阴极显示管)显示器和 LCD (Liquid Crystal Display,LCD)液晶显示器。

(2)按显示色彩分类。分为单色显示器和彩色显示器。

(3)按显示屏幕大小分类。通常有 14 in、15 in、17 in 和 20 in,或者更大。

1. CRT 显示器

CRT 显示器是传统显示器,显示系统和电视机类似,主要部件是显像管(电子枪)。在彩色显示器中,通常是 3 个电子枪。显示管的屏幕上涂有一层荧光粉,电子枪发射出的电子击打在屏幕上,使被击打位置的荧光粉发光,从而产生了图像,每一个发光点又由"红""绿""蓝"3 个小的发光点组成,这个发光点也就是一个像素。由于电子束是分为 3 条的,它们分别射向屏幕上的这三种不同的发光小点,从而在屏幕上出现绚丽多彩的画面。CRT 显示器的性能指标如下:

(1)点距。屏幕上相邻的两个同色点(比如两个红色点)的距离称为点距,如图 1-19 所示。常见点距规格有 0.31 mm、0.28 mm、0.25 mm 等。显示器点距越小,在高分辨率下越容易取得清晰的显示效果。一部分显示管采用了孔状荫罩的技术,显示图像精细准确,适合 CAD/CAM;另一部分显示管采用条状荫罩的技术,色彩明亮,适合艺术创作。

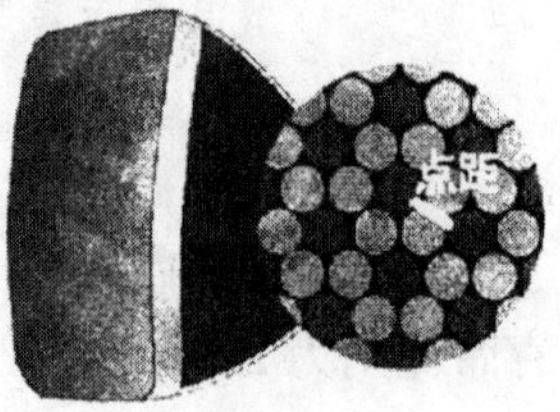

图 1-19　点距

(2)像素和分辨率。分辨率指屏幕上像素的数目,像素是指组成图像的最小单位,即上面提到的发光"点"。例如,800×600 的分辨率是说在水平方向上有 800 个像素,在垂直方向上有 600 个像素。

为了控制像素的亮度和彩色深度,每个像素需要很多个二进制位来表示,如果要显示 256 种颜色,则每个像素至少需要 8 位(一个字节)来表示,即 2^8 等于 256;当显示真彩色时,每个像素要用 3 个字节的存储量。

每种显示器均有多种供选择的分辨率模式,能达到较高分辨率的显示器性能较好。目前 15 in 的显示器最高分辨率一般可以达到 1 280×1 024。

(3)扫描频率。电子束采用光栅扫描方式,从屏幕左上角一点开始,向右逐点进行扫描,形成一条水平线;到达最右端后,又回到下一条水平线的左端,重复上面的过程;当电子束完成右下角一点的扫描后,形成一帧。此后,电子束又回到左上方起点,开始下一帧的扫描。这种方法也就是常说的逐行扫描显示。

而隔行扫描指电子束在扫描时每隔一行扫一线,完成一屏后再返回来扫描剩下的线,这与电视机的原理一样。隔行扫描的显示器比逐行扫描闪烁得厉害,也会让使用者的眼睛更疲劳。

完成一帧所花时间的倒数叫垂直扫描频率,也叫屏幕刷新频率,例如 60 Hz、75 Hz 等。通常屏幕刷新频率达到 75 Hz 以上时,人眼才不会感到闪烁。

(4)带宽。指每秒钟电子枪扫描过的图像点的个数,以 MHz(兆赫兹)为单位,表明了显示器电路可以处理的频率范围。

例如,在标准 VGA 方式下,如果屏幕刷新频率为 60 Hz,则需要的带宽为 640×480×60 = 18.4(MHz);在 1 024×768 的分辨率下,若屏幕刷新频率为 70 Hz,则需要的带宽为 55.1 MHz。以上的数据是理论值,实际所需的带宽要高一些。

早期的显示器是固定频率的，现在的多频显示器采用自动跟踪技术，使显示器的扫描频率自动与显示卡的输出同步，从而实现了较宽的适用范围。带宽的值越大，显示器性能越好。

（5）显示面积。指显像管的可见部分的面积。显像管的大小通常以对角线的长度来衡量，以 in 为单位，常见的有 14 in、15 in、17 in、20 in 几种。显示面积都会小于显像管的大小，显示面积用长与高的乘积来表示。

（6）显示器的色温。在一些高档的显示器上一般都会提供色温调节的功能，由于不同地区和不同种族人的眼睛对颜色的识别略有差别，所以销售在不同地区的显示器都要将颜色调节得非常适合这一地区人使用。调节色温就是为了完成这些功能，不过具有这种调节功能的显示器价格都非常高。

2. LCD 液晶显示器

LCD 液晶显示器俗称为平板显示器。现在的应用中，LCD 基本上分为无源阵列彩显 DSTN（俗称伪彩显）和有源阵列彩显 TFT（俗称真彩显）。

（1）DSTN（Dual-Layer Super Twist Nematic）显示屏不能算是真正的彩色显示器，因为屏幕上的每个像素的亮度和对比度不能独立地控制，只能显示颜色的深度，与传统的 CRT 显示器的颜色相比相距甚远，因而也被叫作伪彩显。

（2）TFT（Thin Film Transistor，TFT）显示屏的每个液晶像素点都是由集成在像素点后面的薄膜晶体管来控制的，使每个像素都能保持一定电压，从而可以做到高速度、高亮度、高对比度的显示。TFT 显示屏是目前最好的 LCD 彩色显示设备之一，是现在笔记本电脑和台式机上的主流显示设备。

液晶显示器显示原理如下：根据液晶特性，通过电场作用来实现显示效果；将液晶置于两片导电玻璃之间，靠两片电极间电场的驱动（施加外力）引起液晶分子扭转排列，而此时光线射入液晶物质中，必然会因液晶分子的排列方式受到影响，产生自然的偏转现象。这样，通过控制液晶分子的排列，就可以控制光线通过或阻止光线通过，产生透光度的差别，在电源关开之间产生明暗而将影像显示出来。

液晶显示器的好处是它比 CRT 荧光粉更为稳定，而且耗电量小，适合便携式电脑。CRT 要频繁用射线照荧光屏，无论射线切换得多快，都会有少量延迟，从而导致屏幕闪烁，TFT 仅需控制像素的开/关和亮度，因而不会出现闪烁现象。液晶显示器的环保性能是相当好的，它没有静电，也没有 CRT 显像管所具有的眩光，因此对保护眼睛是非常有效的。

现在，几乎所有的应用于笔记本电脑或桌面系统的 LCD 都使用薄膜晶体管（TFT）激活液晶层中的单元格。其内部就好像一块夹心饼，主要的构成包括荧光管、导光板、偏光板、滤光板、玻璃基本板、配向膜、液晶材料、薄模式晶体管等。TFT 显示器采用“背透光”照射方式，光源路径是从下向上，这样的做法是在液晶的背部设置类似日光灯的灯管。TFT LCD 技术能够显示更加清晰、明亮的图像。早期的 LCD 由于是非主动发光器件，速度低，效率差，对比度小，虽然能够显示清晰的文字，但是在快速显示图像时往往会产生阴影，影响视频的显示效果，因此现如今只被应用于需要黑白显示的掌上电脑或手机中。

LCD 的主要技术指标如下：

(1)尺寸。LCD 显示器与 CRT 显示器相比除显示方式不同外,最大的区别就是尺寸的标示方法不一样。例如,CRT 显示器在规格中标为 17 in,表示显像管的尺寸为 17 in,但实际可视尺寸大约只有 15 in 多些;而就 LCD 显示器而言,若标示为 15.1 in 显示器,那么可视尺寸就是 15.1 in。

(2)可视角度。单就当前市面上出售的 LCD 显示器来说,可视角度都是左右对称的(也就是由左边或是右边可以看见荧幕上图像的角度是一样的,例如左边为 60°可视角度,右边也一定是 60°可视角度)。而上下可视角度通常都小于左右可视角度。通常也把左右可视角度之和称为水平视角。

从用户的立场来说,当然可视角度越大越好。但是必须了解可视角度的定义。当可视角度是左右 80°时,表示站在始于显示器法线(就是显示器正中间的假想线),垂直于法线左方或是右方 80°的位置时,仍可清晰看见显示器上的影像。

(3)亮度和对比度。TFT LCD 显示器的可接受亮度为 200 cd/m^2 以上。目前国内市场中能够见到的 TFT 液晶显示器亮度都在 300 cd/m^2 左右[LCD 显示器的亮度测量单位为每平方烛光(cd/m^2),也就是一般所称的 Nits]。亮度过低就会感觉荧幕比较暗,当然亮一点会更好。但是,如果荧幕过亮,人的双眼观看荧幕过久会产生疲倦感。因此,对绝大多数用户而言,亮度过高并没有什么实际意义。

亮度和对比度对于 LCD 显示器影像的呈现,比对 CRT 显示器有更大的影响。高亮度的 LCD 显示器对于用户而言,感觉会比较好。但是也要提供足够高的对比度来显示亮度,才能确保色彩的真实度和色阶准确度。

TFT LCD 显示器的亮度范围为 200~300 Nits。通常,质量好的 LCD 显示器标准亮度最小要有 300 Nits,而大部分的 CRT 显示器最高亮度只在 150 Nits 左右。以 300 Nits 的亮度为例,LCD 显示器比 CRT 显示器的影像表现更佳。因此,在购买显示器时,要特别注意亮度指标,因为目前还没有一个确切的标准来测量亮度是否足够明亮。

对比度指标指的是最亮的白色和最暗的黑色之间不同亮度层次的测量。对比度越高,显示器还原的色彩也就越鲜艳,画面色彩的层次感更加分明,色阶过渡更细腻。对比度一般为 250:1,而 LCD 显示器能够达到 350:1时,效果就比较好了。

从目前来看,用户在购买 LCD 显示器时,还没有一套有效且公正的标准来衡量对比度和亮度指标。所以,最好的识别方法还是利用自己的双眼来判定,将 LCD 显示器调到最亮和最暗,看看感觉如何。利用该方法,可挑选到比较合适的 LCD 显示器。

(4)分辨率和点距。无论是购买 LCD 显示器或一般的 CRT 显示器,分辨率都是显示器的主要衡量标准。因为显示器必须支持软硬件所需要的分辨率。

传统 CRT 显示器支持的分辨率比较有弹性,不管是高的分辨率或是低的分辨率,都能够显示,并且丝毫不损失显示质量。这是因为 CRT 显示器的影像主要是由像素(Pixels)所组成的点和线产生的,因此像素的多寡是影响分辨率的重要因素。

LCD 液晶显示器只支持所谓的真实分辨率,可比喻为一般 CRT 显示器的最高分辨率。其主要差别在于,LCD 液晶显示器只有在真实分辨率下才能表现最佳影像效果。分辨率低于真实分辨率时,影像还可以被呈现,只是所显示的影像无法如真实分辨率般得到优化。LCD 液晶显示器的真实分辨率定义为“定点形式”,所以在使用 LCD 显示器时,切记将分辨率设定成最高,这样画面所呈现的影像会清晰,使用起来感觉也会好。

(5)显示色彩模拟式。TFT 需要经过 A/D(模/数)转换,此过程将丢失一部分颜色信号,因此模拟式只能达到 18 位(3×6 位 RGB)高彩,即 262 144 种颜色。部分产品用拌动算法能产生 16 Mb 真彩色,但用拌动算法生成的色深和灰度级始终不及 CRT。联想的产品就是采用类似的方法以实现 16 Mb 真彩色。

(6)刷新频率。对于 CRT 显示器来说,刷新频率关系到画面刷新的速度。刷新速度越快,画面越不容易闪烁。而如果刷新频率在 75 Hz 以上,用户就不容易感到画面闪烁。

对于 LCD 显示器来说,刷新频率高低并不会使画面闪烁。刷新频率在 60 Hz 时,LCD 显示器就能获得很好的画面。在 LCD 显示器中,每个像素都持续发光,直到不发光的信号被送到控制器中,所以 LCD 显示器不会有因不断充放电而引起的闪烁现象。

(7)可视角度。所谓可视角度,是指站在位于屏幕边某个角度时仍可清晰看见屏幕影像的最大角度。可视角度以“度”为单位,目前比较常用的标注形式是直接标出总水平、垂直范围,如 120/100 度(水平/垂直),低于这个值则不能接受,最好能达到 150/120 度以上。

(8)LCD 显示器的亮点、暗点和坏点。LCD 显示器的点缺陷可分为亮点、暗点和坏点。LCD 屏幕上有成千上万个晶体管,很难保证 100%完好,而且损坏的像素无法修复。

①亮点是指在全黑底色背景下显示出会发亮的色点。

②暗点是指在全白底色背景下显示出的非发亮色点,以及在其他颜色背景下显示出的其他色点。

③坏点是指在液晶面板上不能正常显示的像素点(亮点、暗点和坏点)的统称。坏点也是判断 LCD 显示器优劣的主要依据,坏点越少越好。一般情况下,一台 17 in 的液晶显示器允许有 5 个坏点。

(三)打印机(Printer)

打印机是计算机系统最基本的输出设备,如图 1-20 所示。可以把文字或图形在纸上输出,供用户阅读和长期保存。

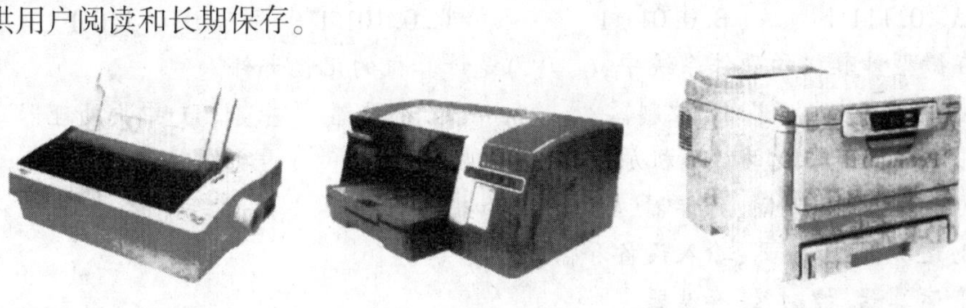

(a) 针式打印机 (b) 喷墨打印机 (c) 激光打印机

图 1-20 打印机

打印机按工作原理可分为击打式打印机和非击打式打印机两类。

(1)击打式打印机。击打式打印机是将字模通过色带和纸张直接接触而打印出来的。击打式打印机又分为字模式和点阵式两种。点阵式打印机是用一个点阵表示一个数字;字母和特殊符号,点阵越大,点数越多,打印字符就越清晰。目前,中国普遍使用的针式打印机就属于击打式打印机,针式打印机速度慢,噪声大,但它特别适合打印票据,所以财务人员多使用它。

(2)非击打式打印机。非击打式打印机主要有激光打印机和喷墨打印机。

①激光打印机打印清晰,质量高,而且速度快、噪声小,是目前打印速度最快的一种。随着价格的下降和出色的打印效果,已经被越来越多的人接受。

②喷墨打印机具有打印质量较高、体积小、噪声小的特点,打印质量优于针式打印机,但是需要时常更换墨盒。

实训题

一、选择题

1. 世界上第一台电子计算机的电子逻辑元件是(　　)。

A. 继电器　　B. 晶体管

C. 电子管　　D. 集成电路

2. 计算机按其处理的信息可分为(　　)。

A. 电子模拟计算机和电子数字计算机

B. 巨型机、大型机、中型机、小型机和微型机

C. 386、486、586

D. 专用机和通用机

3. 以微处理器为核心的微型计算机属于第(　　)代计算机。

A. 一　　B. 二　　C. 三　　D. 四

4. 在微型计算机内部,加工处理、存储、传输的数据和指令都采用(　　)。

A. 十六进制码　　B. 十进制码

C. 八进制码　　D. 二进制码

5. 将十进制数 0.687 5 转换成二进制数,结果为(　　)。

A. 0.111 1　　B. 0.011 1　　C. 0.101 1　　D. 0.110 1

6. 在微型计算机的硬件系统中,(　　)是计算机的记忆部件。

A. 运算器　　B. 控制器　　C. 存储器　　D. 中央处理器

7. 根据冯·诺依曼的计算机原理,计算机应包括(　　)等功能部件。

A. 运算器,控制器,存储器,输入设备和输出设备

B. 运算器,存储器,输入设备和输出设备

C. 运算器,控制器,存储器

D. 运算器,控制器,输入设备和输出设备

8. CPU 中运算器的操作数据取自(　　)。

A. CPU　　B. ROM　　C. 内存　　D. 硬盘

9. 在下列存储器中,访问速度最快的是(　　)。

A. 硬盘存储器　　B. 软盘存储器

C. RAM(内存储器)　　D. Cache

10. "PentiumⅡ/350"和"PentiumⅢ/450"中的"350"和"450"的含义是(　　)。

A. 最大内存容量　　　　B. 最大运算速度
C. 最大运算精度　　　　D. CPU 的时钟频率

11. CD-R 光盘是指(　　)光盘。

A. 多次读写　　B. 一次写多次读　　C. 只读　　D. 只能写

12. 下面哪一项不是液晶显示器的性能指标(　　)。

A. 分辨率　　B. 响应时间　　C. 可视角度　　D. 屏幕刷新频率

二、判断题

1. 计算机的速度不完全依赖于 CPU 的速度。　(　　)
2. 操作系统只负责管理内存储器,而不管理外存储器。　(　　)
3. 开机时先开显示器后开主机电源,关机时先关主机后关显示器电源。　(　　)
4. 计算机必不可少的输入/输出设备是键盘和显示器。　(　　)
5. 扫描仪是一种输入设备。　(　　)
6. LCD 显示器的显示效果与刷新频率无关。
7. 因为液晶材料本身不发光,所以在显示屏内都设有作为光源的灯管。　(　　)

三、思考题

1. 计算机的发展经历了哪几个主要阶段?
2. 简述 RAM、ROM 之间的区别。各有什么用途?
3. 字、字节和字长有什么区别?
4. CPU 的主要性能指标有哪些?

项目二　文字处理软件 Word 2007

任务一　Word 2007 基本操作

一、目的和要求

(1)熟练掌握建立、保存、关闭和打开 Word 文档的方法。

(2)熟悉 Word 不同视图之间的转换。

(3)熟练掌握 Word 2007 操作环境的设置方法。

二、示例

(一)新建“个人简历”文档

单击【Office】按钮,在弹出的菜单中选择“新建”,打开“新建文档”对话框,在左侧的“模板”窗格中单击“已安装的模板”选项卡,在中间窗格中选择“平衡简历”,再单击【创建】按钮,Word 2007 将根据已有的模板新建一篇简历文档。

(二)保存及关闭文档

单击【Office】按钮,选择“保存”命令,打开“另存为”对话框,在“保存位置”下拉列表框中选择要保存的位置,在“文件名”下拉列表框中输入“个人简历”,单击【保存】按钮即可保存。可以单击 Word 文档右上角的【关闭】按钮来关闭“个人简历”文档。完成后的“个人简历”文档效果如图 2-1 所示。

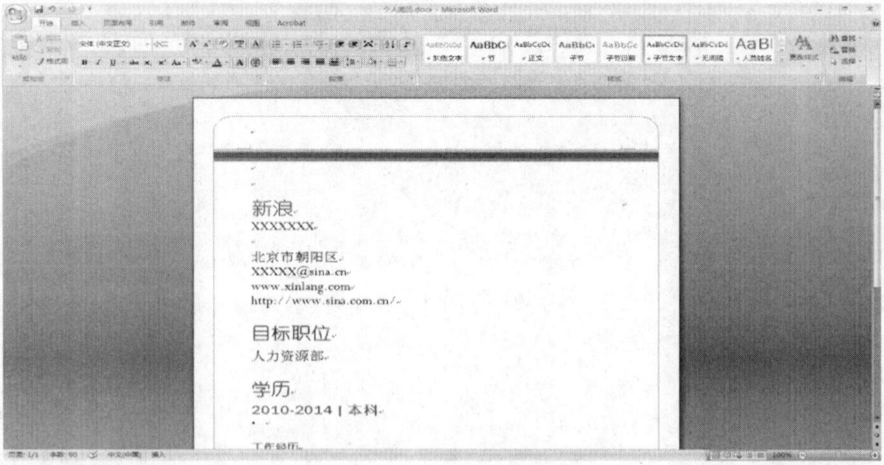

图 2-1　“个人简历”文档效果

三、操作内容

(1)自选主题,用 Word 2007 新建一张贺卡,并以“贺卡”命名进行保存。

(2)自选模板,用 Word 2007 为自己新建一张名片,并以“某某名片”命名进行保存。

(3)为自己的 Word 2007 设置操作环境。

任务二　Word 2007 文档的编辑

一、目的和要求

(1)掌握文档的输入与编辑方法。

(2)在文档的编辑过程中,熟练使用选择、移动、复制、删除、查找、替换、撤销与恢复命令对文档进行操作。

二、示例

下面以制作“介绍自我. docx”文档为例,来讲解 Word 2007 文档的编辑。

新建一篇空白文档,并以“介绍自我”命名保存。编辑文档内容,编辑后效果如图 2-2 所示。

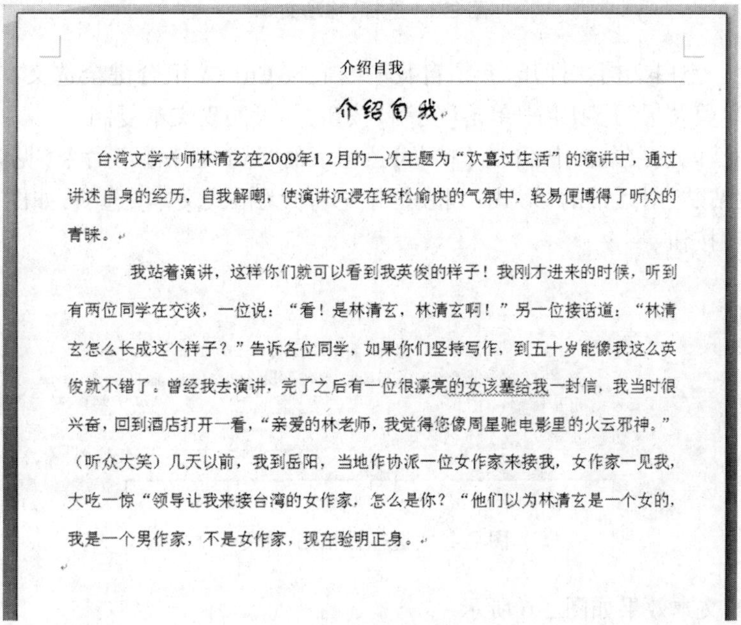
介绍自我

介绍自我

台湾文学大师林清玄在2009年1 2月的一次主题为“欢喜过生活”的演讲中，通过讲述自身的经历，自我解嘲，使演讲沉浸在轻松愉快的气氛中，轻易便博得了听众的青睐。

我站着演讲，这样你们就可以看到我英俊的样子！我刚才进来的时候，听到有两位同学在交谈，一位说：“看！是林清玄，林清玄啊！”另一位接话道：“林清玄怎么长成这个样子？”告诉各位同学，如果你们坚持写作，到五十岁能像我这么英俊就不错了。曾经我去演讲，完了之后有一位很漂亮的女该塞给我一封信，我当时很兴奋，回到酒店打开一看，“亲爱的林老师，我觉得您像周星驰电影里的火云邪神。”（听众大笑）几天以前，我到岳阳，当地作协派一位女作家来接我，女作家一见我，大吃一惊“领导让我来接台湾的女作家，怎么是你？“他们以为林清玄是一个女的，我是一个男作家，不是女作家，现在验明正身。

图 2-2　“介绍自我”文档

(一)选择、移动、复制和粘贴文本

(1)将光标插入点定位到如图 2-3 所示“介绍”文本的中间,双击鼠标左键,即可选中“介绍”文本。将鼠标光标放在选择的“介绍”文本上,按住鼠标左键不放,将其拖动到“自我”文本的后边,再释放鼠标左键,即可实现文本的移动操作。

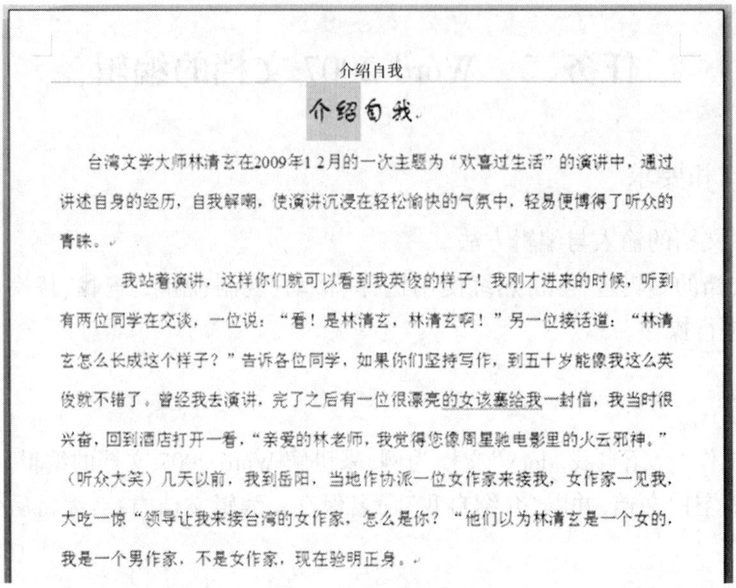

介绍自我

介绍自我

台湾文学大师林清玄在2009年12月的一次主题为“欢喜过生活”的演讲中，通过讲述自身的经历，自我解嘲，使演讲沉浸在轻松愉快的气氛中，轻易便博得了听众的青睐。

我站着演讲，这样你们就可以看到我英俊的样子！我刚才进来的时候，听到有两位同学在交谈，一位说：“看！是林清玄，林清玄啊！”另一位接话道：“林清玄怎么长成这个样子？”告诉各位同学，如果你们坚持写作，到五十岁能像我这么英俊就不错了。曾经我去演讲，完了之后有一位很漂亮的女孩塞给我一封信，我当时很兴奋，回到酒店打开一看，“亲爱的林老师，我觉得您像周星驰电影里的火云邪神。”（听众大笑）几天以前，我到岳阳，当地作协派一位女作家来接我，女作家一见我，大吃一惊“领导让我来接台湾的女作家，怎么是你？“他们以为林清玄是一个女的，我是一个男作家，不是女作家，现在验明正身。

图 2-3　选择、移动文本

(2)新建一空白文档。打开“介绍自我”文档,按 Ctrl+A 组合键全选文本内容,在“开始”选项卡的“剪贴板”选项组中单击【复制】按钮,即可实现文本复制。

(3)在新建的空白文档中,单击【粘贴】按钮下的“选择性粘贴”命令(见图 2-4),在打开的“选择性粘贴”对话框的“形式”列表框中选择“无格式文本”选项,如图 2-5 所示,然后单击【确定】按钮。

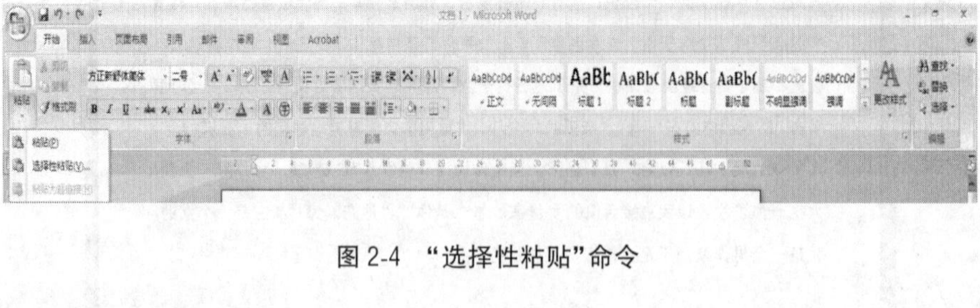

图 2-4　“选择性粘贴”命令

粘贴后的文本效果如图 2-6 所示。

(二)查找和替换文本

(1)将光标定位到“介绍自我”文档的起始位置,在“开始”选项卡的“编辑”选项组中选择“查找”命令。

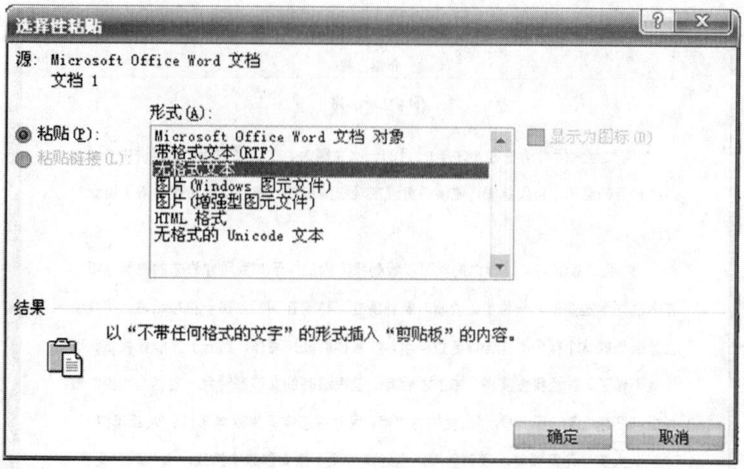

图 2-5 “选择性粘贴”对话框

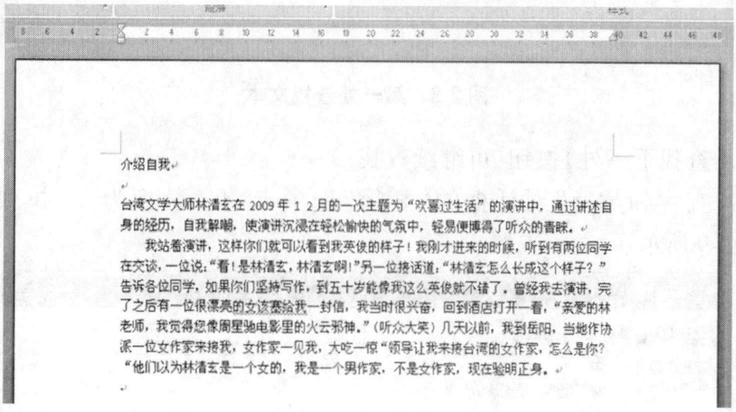

图 2-6 粘贴后的文本

(2)打开“查找和替换”对话框，在“查找内容”下拉列表框中输入“林”，单击【查找下一处】按钮，可查找文档中的第一处“林”文本，如图 2-7 所示。系统会自动将查找到的第一处文本，以选择状态显示，如图 2-8 所示。

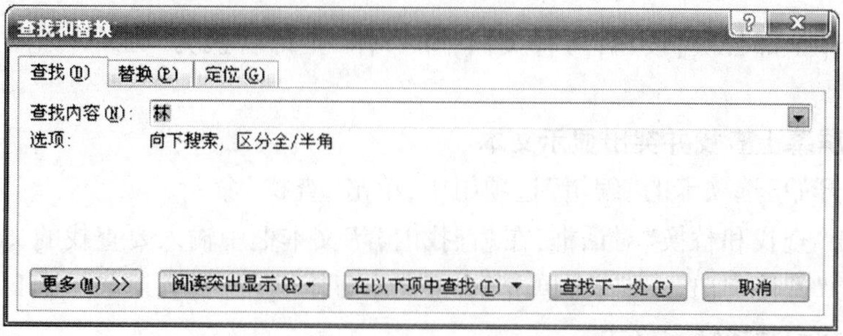

图 2-7 查找

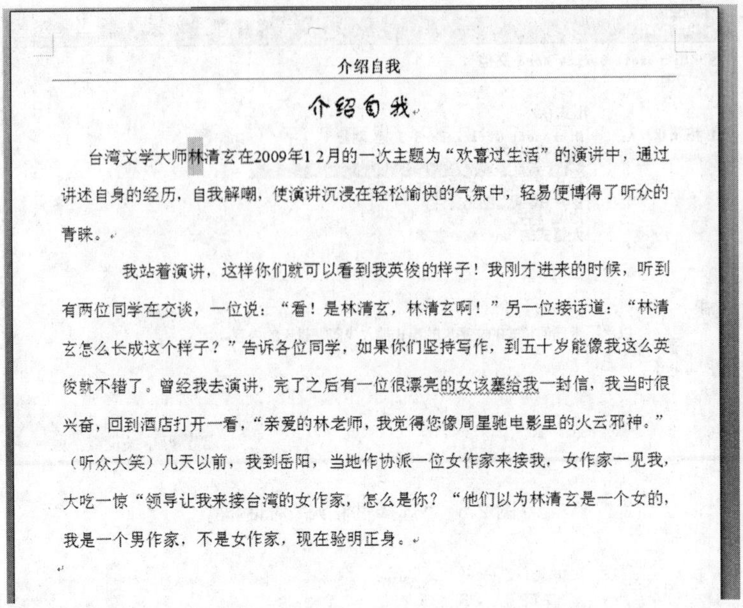
介绍自我

介绍自我

台湾文学大师林清玄在2009年1 2月的一次主题为“欢喜过生活”的演讲中，通过讲述自身的经历，自我解嘲，使演讲沉浸在轻松愉快的气氛中，轻易便博得了听众的青睐。

我站着演讲，这样你们就可以看到我英俊的样子！我刚才进来的时候，听到有两位同学在交谈，一位说：“看！是林清玄，林清玄啊！”另一位接话道：“林清玄怎么长成这个样子？”告诉各位同学，如果你们坚持写作，到五十岁能像我这么英俊就不错了。曾经我去演讲，完了之后有一位很漂亮的女孩塞给我一封信，我当时很兴奋，回到酒店打开一看，“亲爱的林老师，我觉得您像周星驰电影里的火云邪神。”（听众大笑）几天以前，我到岳阳，当地作协派一位女作家来接我，女作家一见我，大吃一惊“领导让我来接台湾的女作家，怎么是你？”他们以为林清玄是一个女的，我是一个男作家，不是女作家，现在验明正身。

图 2-8　第一处查找文本

(3)单击【查找下一处】按钮,可继续查找。

(4)单击“查找和替换”对话框的“替换”选项卡,在“替换为”下拉列表框中输入“LIN”,如图 2-9 所示。

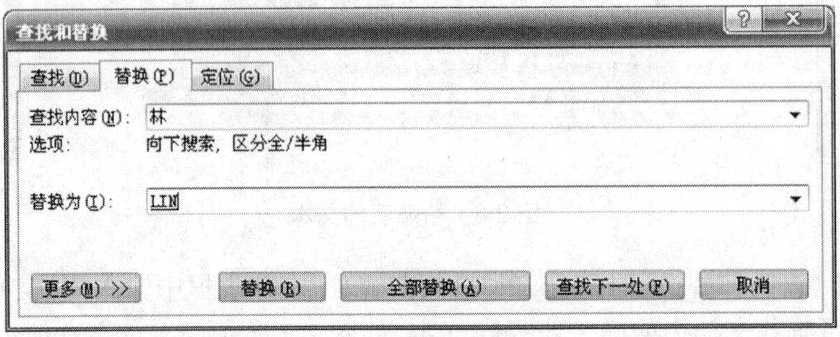

图 2-9　替换

(5)单击【全部替换】按钮,可将文档中的“林”全部替换为“LIN”,如图 2-10 所示为替换后的效果。

(三)在屏幕上查找并突出显示文本

(1)在“开始”选项卡的“编辑”选项组中,单击“查找”命令。

(2)打开“查找和替换”对话框,在“查找内容”文本框中输入要查找的文本“林”。

(3)单击“阅读突出显示”,再单击“全部突出显示”。查找效果如图 2-11 所示。

(四)查找和替换特定格式

(1)在“开始”选项卡的“编辑”选项组中,单击“替换”命令。

(2)打开“查找和替换”对话框,单击“更多”命令,出现如图 2-12 所示的对话框。

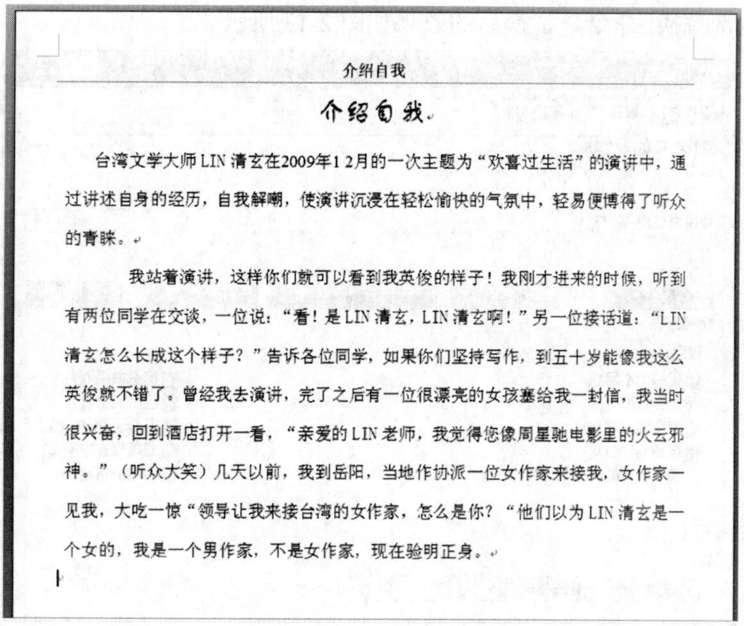

介绍自我

介绍自我

台湾文学大师 LIN 清玄在2009年1 2月的一次主题为“欢喜过生活”的演讲中，通过讲述自身的经历，自我解嘲，使演讲沉浸在轻松愉快的气氛中，轻易便博得了听众的青睐。

我站着演讲，这样你们就可以看到我英俊的样子！我刚才进来的时候，听到有两位同学在交谈，一位说：“看！是 LIN 清玄，LIN 清玄啊！”另一位接话道：“LIN 清玄怎么长成这个样子？”告诉各位同学，如果你们坚持写作，到五十岁能像我这么英俊就不错了。曾经我去演讲，完了之后有一位很漂亮的女孩塞给我一封信，我当时很兴奋，回到酒店打开一看，“亲爱的 LIN 老师，我觉得您像周星驰电影里的火云邪神。”（听众大笑）几天以前，我到岳阳，当地作协派一位女作家来接我，女作家一见我，大吃一惊“领导让我来接台湾的女作家，怎么是你？“他们以为 LIN 清玄是一个女的，我是一个男作家，不是女作家，现在验明正身。

图 2-10　替换后的效果

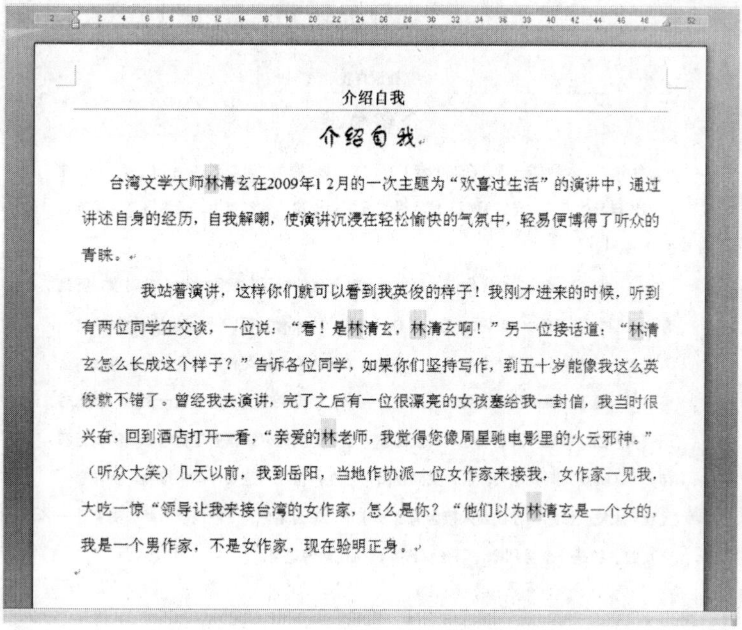

介绍自我

介绍自我

台湾文学大师林清玄在2009年1 2月的一次主题为“欢喜过生活”的演讲中，通过讲述自身的经历，自我解嘲，使演讲沉浸在轻松愉快的气氛中，轻易便博得了听众的青睐。

我站着演讲，这样你们就可以看到我英俊的样子！我刚才进来的时候，听到有两位同学在交谈，一位说：“看！是林清玄，林清玄啊！”另一位接话道：“林清玄怎么长成这个样子？”告诉各位同学，如果你们坚持写作，到五十岁能像我这么英俊就不错了。曾经我去演讲，完了之后有一位很漂亮的女孩塞给我一封信，我当时很兴奋，回到酒店打开一看，“亲爱的林老师，我觉得您像周星驰电影里的火云邪神。”（听众大笑）几天以前，我到岳阳，当地作协派一位女作家来接我，女作家一见我，大吃一惊“领导让我来接台湾的女作家，怎么是你？“他们以为林清玄是一个女的，我是一个男作家，不是女作家，现在验明正身。

图 2-11　突出显示文本

(3)如果要搜索带有格式的文本，则在“查找内容”框中输入文本；如果仅查找格式，则此框保留空白即可。

(4)在“查找内容”框中输入“LIN”，在“搜索选项”中选中“区分大小写”；然后单击【格式】按钮，选择要查找替换的格式“突出显示”，单击【特殊格式】按钮，选择“省略号”；

最后单击“全部替换”命令。替换后的效果如图 2-13 所示。

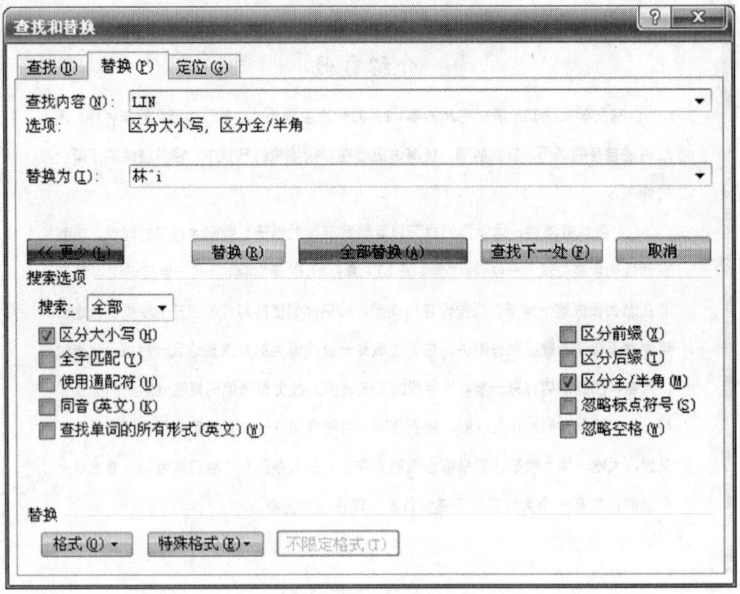

图 2-12　查找替换特定格式

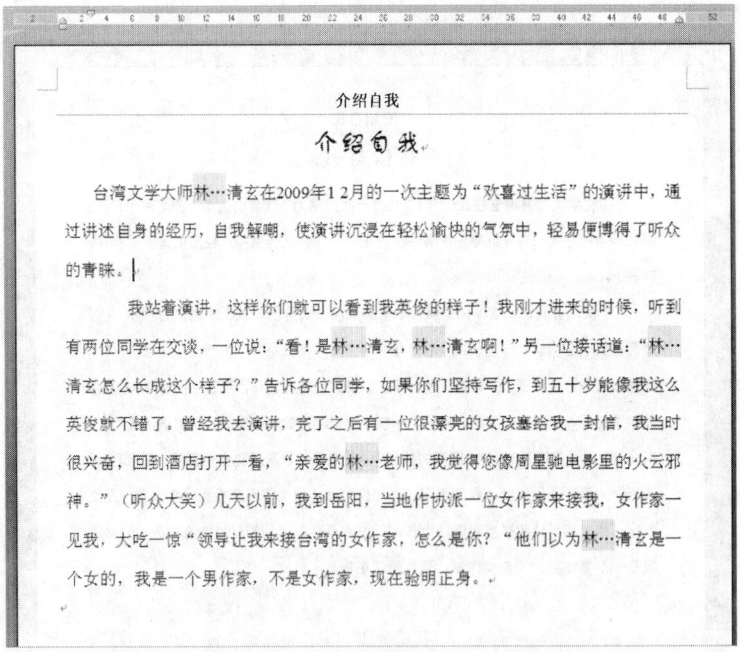

图 2-13　查找替换特定格式效果

（五）撤销和恢复操作

（1）将状态栏中的“插入”状态更改为“改写”状态。将光标定位到“介绍自我”文档的第二行开始位置。输入“中国”，即可发现输入的文本替换了原来的文本，如图 2-14 所示。

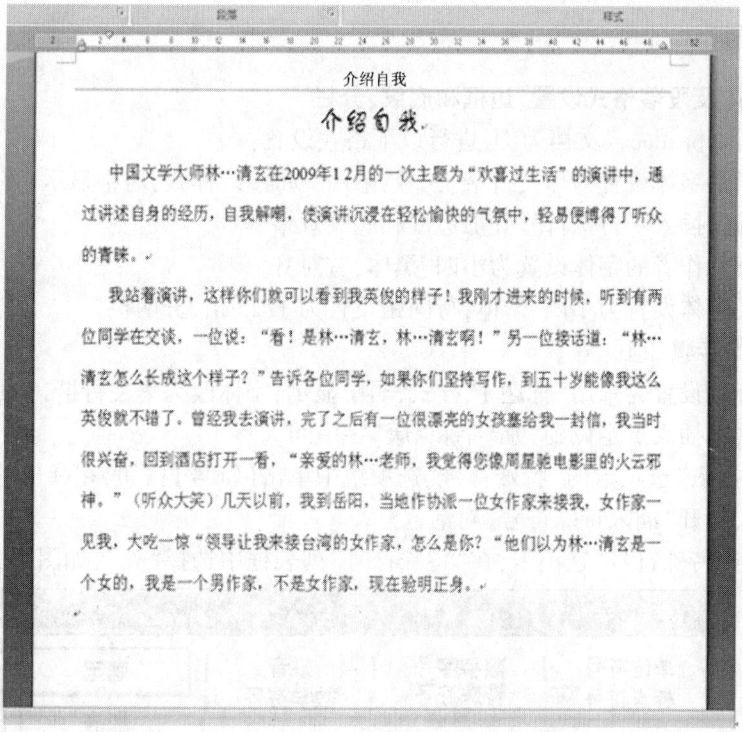

介绍自我

介绍自我

中国文学大师林…清玄在2009年12月的一次主题为“欢喜过生活”的演讲中，通过讲述自身的经历，自我解嘲，使演讲沉浸在轻松愉快的气氛中，轻易便博得了听众的青睐。

我站着演讲，这样你们就可以看到我英俊的样子！我刚才进来的时候，听到有两位同学在交谈，一位说：“看！是林…清玄，林…清玄啊！”另一位接话道：“林…清玄怎么长成这个样子？”告诉各位同学，如果你们坚持写作，到五十岁能像我这么英俊就不错了。曾经我去演讲，完了之后有一位很漂亮的女孩塞给我一封信，我当时很兴奋，回到酒店打开一看，“亲爱的林…老师，我觉得您像周星驰电影里的火云邪神。”（听众大笑）几天以前，我到岳阳，当地作协派一位女作家来接我，女作家一见我，大吃一惊“领导让我来接台湾的女作家，怎么是你？”他们以为林…清玄是一个女的，我是一个男作家，不是女作家，现在验明正身。

图 2-14　改写状态

(2)单击快速访问工具栏中的【撤销】按钮,可将刚刚执行的操作撤销。

(3)如果认为改写后的文本更合适,单击快速工具栏中的【恢复】按钮进行恢复。

三、操作内容

(1)针对自己所学专业,写一篇关于某门课程的课程报告或论文。

(2)编辑“我的梦想”文档。

(3)编辑“自我介绍”文档。

(4)使用选择、移动、复制、删除、查找、替换、撤销与恢复命令对上面编辑的文档进行熟练操作。其中,在“查找和替换”操作时需使用“通配符搜索”。

任务三　Word 2007 文档的格式化

一、目的和要求

(1)掌握文档中字体格式的设置方法。

(2)掌握文档中段落格式的设置方法。

(3)熟练段落和页面的格式化:项目符号和编号、页眉页脚、分栏和分页等。

二、示例

(一)字体及段落格式设置、边框和底纹、分栏

以“再别康桥.docx”文档为例,进行以下格式设置:

(1)将标题字体设置为华文行楷、三号,采用“标题1”样式,居中显示。

(2)为标题插入一特殊符号并加边框和底纹效果。

(3)文章的作者的字体设置为小四、黑体,右对齐。

(4)正文字体设置为小四、宋体,行间距设置为1.25倍,分两栏。

具体操作步骤如下:

(1)将标题设置为采用“标题1”样式,居中显示,字体改为华文行楷,字号为三号。

(2)将文本插入点定位到“别”字和“康”字中间。

(3)在“插入”选项卡的“特殊符号”选项组中单击【符号】按钮,在弹出的下拉菜单中选择“更多”,打开“插入特殊符号”对话框。

(4)单击“特殊符号”选项卡,在“特殊符号”列表框中选择“☆”,如图2-15所示。

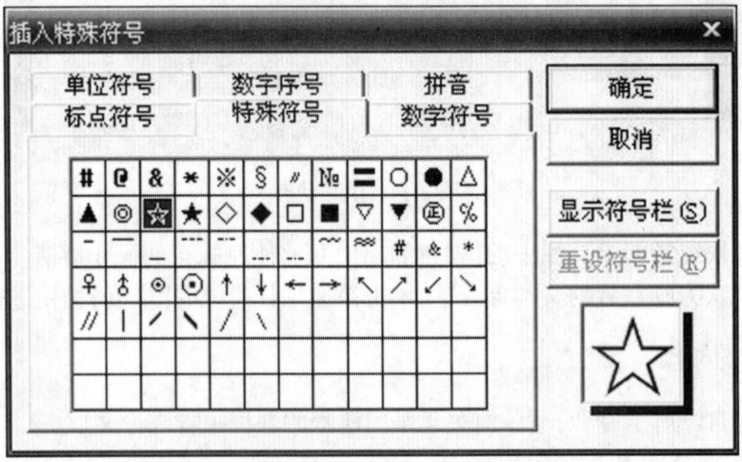

图2-15 “插入特殊符号”对话框

(5)单击【确定】按钮,则插入这个符号。在“开始”选项卡的“字体”组中单击【字符边框】按钮,为该符号添加一个边框。

(6)选择要插入的符号,在“段落”组中单击【下框线】按钮右侧的【启动】按钮,在弹出的下拉菜单中选择“边框和底纹”命令,打开“边框和底纹”对话框。

(7)在“样式”列表框中选择“点状线”样式,在“宽度”下拉列表框中选择“1.5磅”选项,如图2-16所示。

(8)在“边框和底纹”对话框中单击“底纹”选项卡,在“图案”栏的“样式”下拉列表框中选择“深色网格”选项,在“颜色”下拉列表框中选择“水蓝色”选项,如图2-17所示。

(9)选中文章的作者,在“开始”选项卡的“字体”选项组中进行字体和字号的设置,在“段落”选项组中设置段落为右对齐,如图2-18所示。选中正文文本,用相同方法设置正文的字体为小四、黑体。打开“段落”对话框,设置行间距为1.25倍。

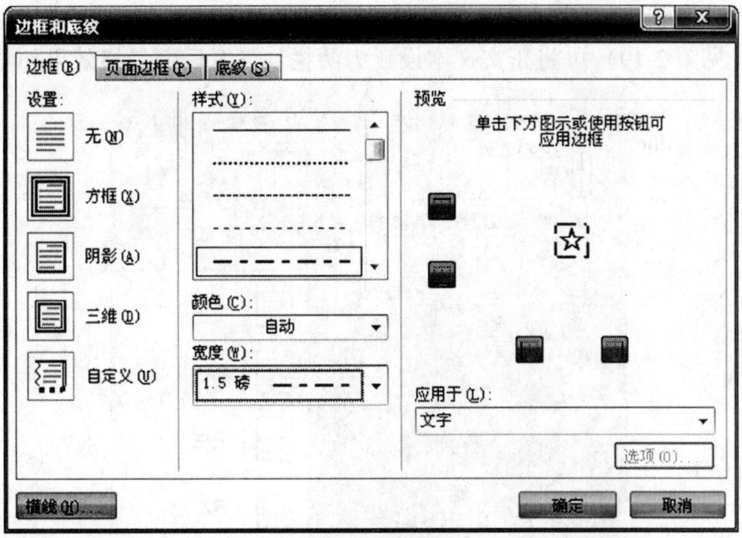

图 2-16　设置边框

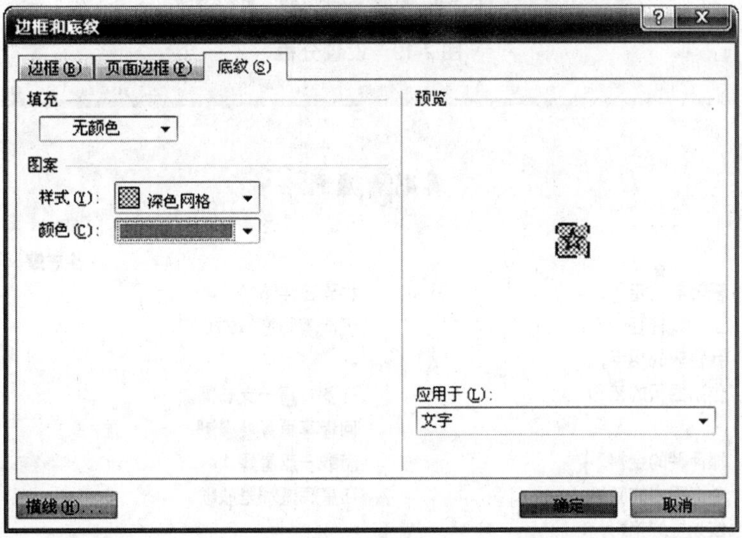

图 2-17　设置底纹

图 2-18　设置字体

(10)在"页面布局"选项卡的"页面设置"选项组中选择"分栏"命令,在下拉菜单中选择"两栏"(见图2-19),可将正文文本设置为两栏。设置后的最终效果如图2-20所示。

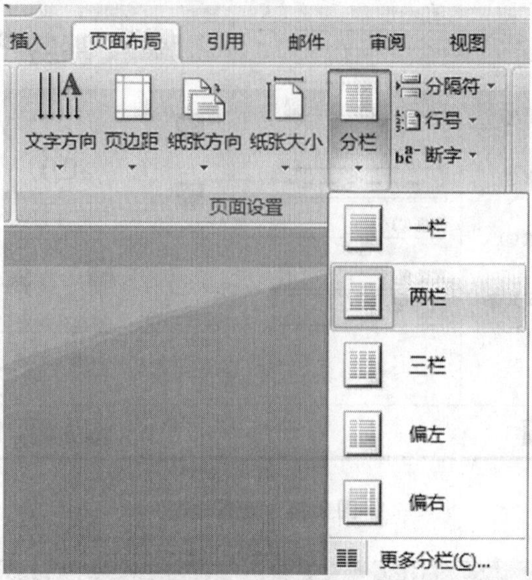

图2-19　设置分栏

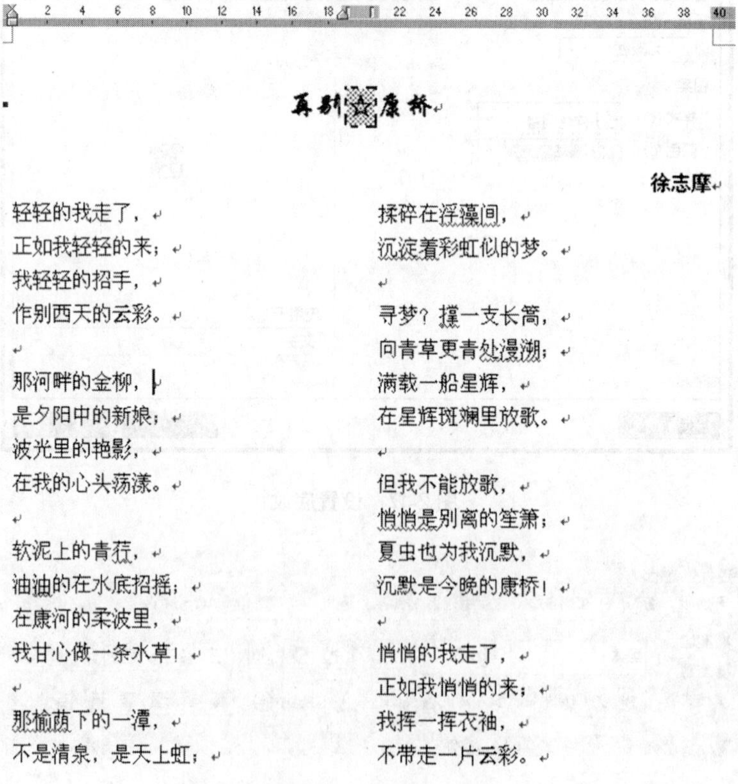

再别康桥

徐志摩

轻轻的我走了，
正如我轻轻的来；
我轻轻的招手，
作别西天的云彩。

那河畔的金柳，
是夕阳中的新娘；
波光里的艳影，
在我的心头荡漾。

软泥上的青荇，
油油的在水底招摇；
在康河的柔波里，
我甘心做一条水草！

那榆荫下的一潭，
不是清泉，是天上虹；
揉碎在浮藻间，
沉淀着彩虹似的梦。

寻梦？撑一支长篙，
向青草更青处漫溯；
满载一船星辉，
在星辉斑斓里放歌。

但我不能放歌，
悄悄是别离的笙箫；
夏虫也为我沉默，
沉默是今晚的康桥！

悄悄的我走了，
正如我悄悄的来；
我挥一挥衣袖，
不带走一片云彩。

图2-20　设置后的最终效果

(二)设置项目符号和编号

以“毕业论文(设计)撰写规范. docx”文档为例,设置项目符号和编号,设置后的效果如图 2-21 所示。

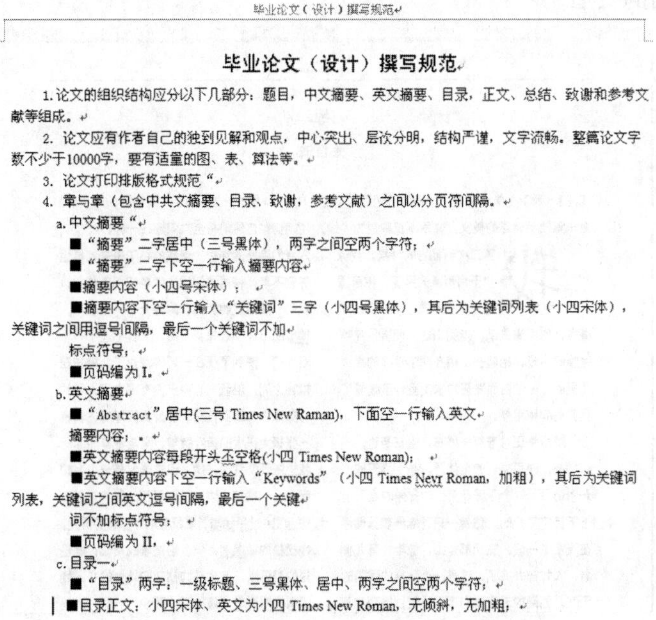
毕业论文（设计）撰写规范

毕业论文（设计）撰写规范

1.论文的组织结构应分以下几部分：题目，中文摘要、英文摘要、目录，正文、总结、致谢和参考文献等组成。

2. 论文应有作者自己的独到见解和观点，中心突出、层次分明，结构严谨，文字流畅。整篇论文字数不少于10000字，要有适量的图、表、算法等。

3. 论文打印排版格式规范“

4. 章与章（包含中共文摘要、目录、致谢，参考文献）之间以分页符间隔。

a. 中文摘要“

■“摘要”二字居中（三号黑体），两字之间空两个字符；

■“摘要”二字下空一行输入摘要内容

■摘要内容（小四号宋体）；

■摘要内容下空一行输入“关键词”三字（小四号黑体），其后为关键词列表（小四宋体），关键词之间用逗号间隔，最后一个关键词不加标点符号；

■页码编为 I。

b. 英文摘要

■“Abstract”居中(三号 Times New Raman)，下面空一行输入英文摘要内容；

■英文摘要内容每段开头不空格(小四 Times New Roman)；

■英文摘要内容下空一行输入“Keywords”（小四 Times Nevr Roman，加粗），其后为关键词列表，关键词之间英文逗号间隔，最后一个关键词不加标点符号；

■页码编为 II，

c. 目录一

■“目录”两字：一级标题、三号黑体、居中、两字之间空两个字符；

■目录正文：小四宋体、英文为小四 Times New Roman，无倾斜，无加粗；

图 2-21 项目符号和编号的设置

(1)选择需要添加项目符号的文本内容,单击“段落”选项组中的“项目符号”命令,在弹出的菜单中选择“定义新项目符号”命令,打开“定义新项目符号”对话框。

(2)单击【符号】按钮,打开“符号”对话框,在“字体”下拉列表框中选择“Wingdings”选项,在下面的列表框中选择要添加的符号,单击【确定】按钮。

(3)选择需要添加编号的文本,单击“段落”选项组中的【多级列表】按钮,在弹出的下拉菜单中选择“定义新的多级列表”命令,打开“定义新的多级列表”对话框,在左侧的列表中选择要定义的 1 级标题级别,在下面的“输入编号的格式”文本框中输入标题的样式。

(4)选择要定义的 2 级标题级别,在下面的“输入编号的格式”文本框中输入标题的样式;依次设置所有标题级别的样式后,最后单击【确定】按钮。

三、操作内容

(1)格式化文档“绿. docx”,设置后的效果如图 2-22 所示。要求:

①标题设置为三号、黑体、居中。

②作者名设置为小四、黑体、居中。

③正文设置为小四、宋体,段落为 1.5 倍行距。

④正文之前插入一个分节符。

⑤正文段前空 2 字符。

⑥正文分两栏。
⑦首行首字下沉。
⑧文章注解五号黑体。
⑨设置文档的页眉。

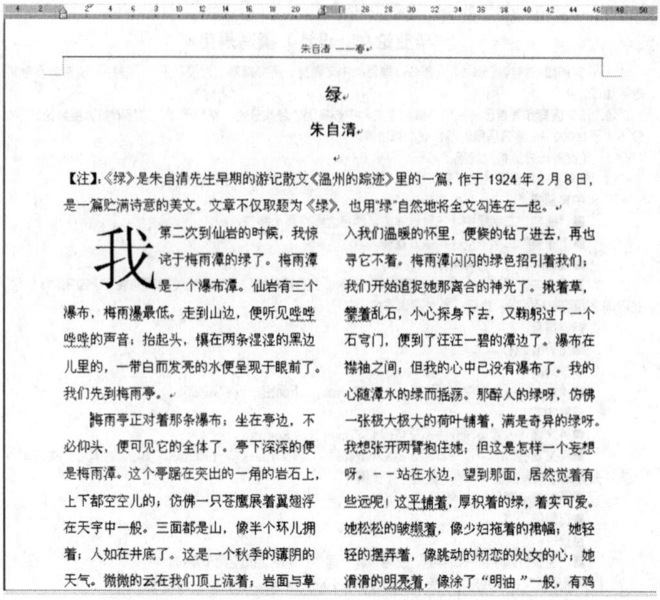
朱自清 ——春

绿

朱自清

【注】:《绿》是朱自清先生早期的游记散文《温州的踪迹》里的一篇，作于 1924 年 2 月 8 日，是一篇贮满诗意的美文。文章不仅取题为《绿》，也用"绿"自然地将全文勾连在一起。

我第二次到仙岩的时候，我惊诧于梅雨潭的绿了。梅雨潭是一个瀑布潭。仙岩有三个瀑布，梅雨瀑最低。走到山边，便听见哗哗哗哗的声音；抬起头，镶在两条湿湿的黑边儿里的，一带白而发亮的水便呈现于眼前了。我们先到梅雨亭。

梅雨亭正对着那条瀑布；坐在亭边，不必仰头，便可见它的全体了。亭下深深的便是梅雨潭。这个亭踞在突出的一角的岩石上，上下都空空儿的；仿佛一只苍鹰展着翼翅浮在天宇中一般。三面都是山，像半个环儿拥着；人如在井底了。这是一个秋季的薄阴的天气。微微的云在我们顶上流着；岩面与草入我们温暖的怀里，便倏的钻了进去，再也寻它不着。梅雨潭闪闪的绿色招引着我们；我们开始追捉她那离合的神光了。揪着草，攀着乱石，小心探身下去，又鞠躬过了一个石穹门，便到了汪汪一碧的潭边了。瀑布在襟袖之间；但我的心中已没有瀑布了。我的心随潭水的绿而摇荡。那醉人的绿呀，仿佛一张极大极大的荷叶铺着，满是奇异的绿呀。我想张开两臂抱住她；但这是怎样一个妄想呀。－－站在水边，望到那面，居然觉着有些远呢！这平铺着，厚积着的绿，着实可爱。她松松的皱缬着，像少妇拖着的裙幅；她轻轻的摆弄着，像跳动的初恋的处女的心；她滑滑的明亮着，像涂了"明油"一般，有鸡

图 2-22　格式化文档

(2)为文档"关山月.docx"进行格式化操作,设置后的效果如图 2-23 所示。

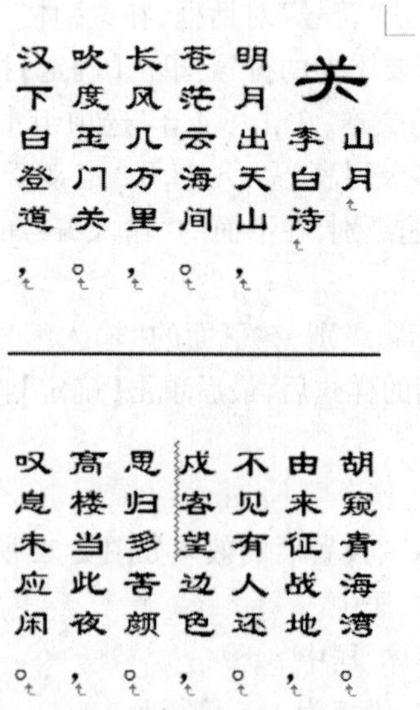
关山月
李白诗
明月出天山，
苍茫云海间。
长风几万里，
吹度玉门关。
汉下白登道，
胡窥青海湾。
由来征战地，
不见有人还。
戍客望边色，
思归多苦颜。
高楼当此夜，
叹息未应闲。

图 2-23　格式化效果

任务四　Word 2007 图文混排

一、目的和要求

(1)掌握图文混排操作。
(2)掌握艺术字的制作。
(3)掌握 Smart 图形的插入。
(4)掌握公式的插入。

二、示例

下面以"双城记. docx"文档为例,讲述如何在文档中使用图形。进行以下设置:
(1)将页面背景图案设置为"点状",前景色设置为"紫色"。
(2)插入图片,如果图片过大,进行适当调整。
(3)将图片的文字环绕设置为"四周型环绕"。
(4)移动图像,将图像调整至文档左侧。
(5)将图片样式设置为"裁剪对角线,白色"。
(6)将图片重新着色为"浅色变体,强调文字颜色 4 浅色"。
具体操作步骤如下:

(1)打开"双城记. docx"文档,单击"页面布局"选项卡,单击"页面背景"选项组中的【页面颜色】按钮,在弹出的下拉菜单中选择"填充效果",打开"填充效果"对话框。

(2)在"图案"选项卡中,首先在"图案"列表框中选择一种点状图案,然后在"前景"下拉列表框中选择"紫色"选项,如图 2-24 所示。最后单击【确定】按钮。

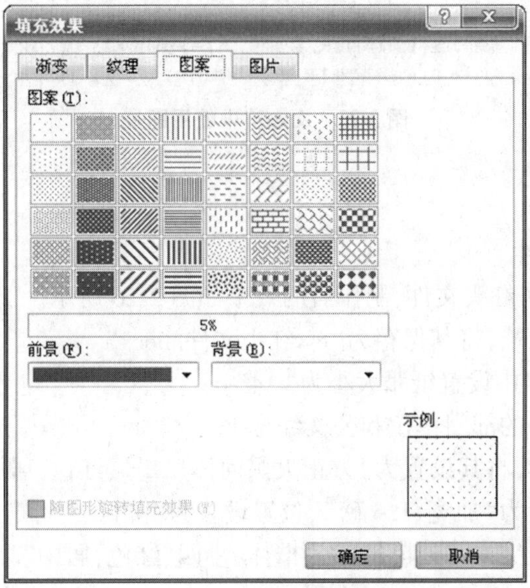

图 2-24　填充效果

(3)单击“插入”选项卡,选择“插入图片”命令,将所需要插入的图片插入至文档中。

(4)调整图片大小。

(5)在“图片工具格式”选项卡的“排列”选项组中单击【文字环绕】按钮,在弹出的下拉菜单中选择“四周型环绕”。

(6)在“图片样式”选项组的“图片样式”列表框中设置图片样式为“裁剪对角线,白色”。

(7)单击“调整”选项组中的【重新着色】按钮,在弹出的下拉菜单的“浅色变体”栏中选择“强调文字颜色 4 浅色”。

(8)选中图片,在“图片工具格式”选项组中的“大小”“排列”等选项卡中,还可以对图形进行其他设置。

设置后的效果如图 2-25 所示。

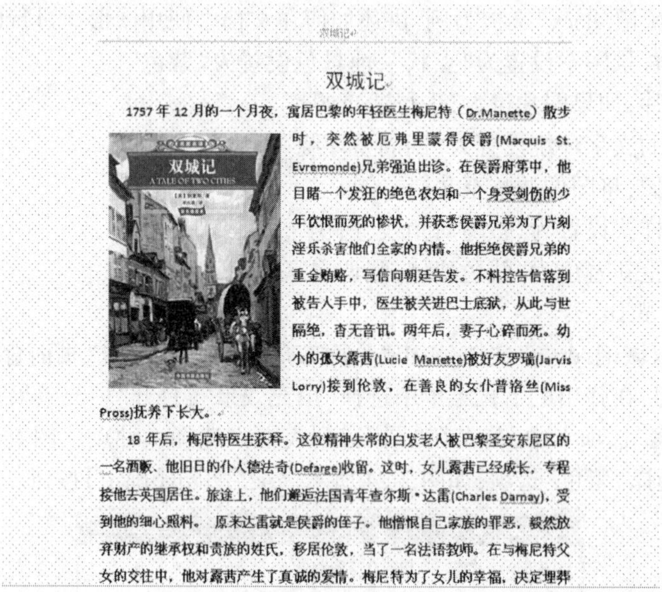
双城记

双城记

1757 年 12 月的一个月夜,寓居巴黎的年轻医生梅尼特(Dr.Manette)散步时,突然被厄弗里蒙得侯爵(Marquis St. Evremonde)兄弟强迫出诊。在侯爵府第中,他目睹一个发狂的绝色农妇和一个身受剑伤的少年饮恨而死的惨状,并获悉侯爵兄弟为了片刻淫乐杀害他们全家的内情。他拒绝侯爵兄弟的重金贿赂,写信向朝廷告发。不料控告信落到被告人手中,医生被关进巴士底狱,从此与世隔绝,杳无音讯。两年后,妻子心碎而死。幼小的孤女露茜(Lucie Manette)被好友罗瑞(Jarvis Lorry)接到伦敦,在善良的女仆普洛丝(Miss Pross)抚养下长大。

18 年后,梅尼特医生获释。这位精神失常的白发老人被巴黎圣安东尼区的一名酒贩、他旧日的仆人德法奇(Defarge)收留。这时,女儿露茜已经成长,专程接他去英国居住。旅途上,他们邂逅法国青年查尔斯·达雷(Charles Darnay),受到他的细心照料。原来达雷就是侯爵的侄子。他憎恨自己家族的罪恶,毅然放弃财产的继承权和贵族的姓氏,移居伦敦,当了一名法语教师。在与梅尼特父女的交往中,他对露茜产生了真诚的爱情。梅尼特为了女儿的幸福,决定埋葬

图 2-25　文本当中使用图片

三、操作内容

(一)制作红头文件

按照以下步骤制作红头文件,制作后的效果如图 2-26 所示。

(1)新建一空白文档,将其保存为“××红头文件. docx”。

(2)在“页面布局”中设置纸张大小为“A4”。

(3)输入红头文件的部门单位和公文编号。

(4)选择部门文本,将其设置为“方正大黑简体、二号、红色、居中”。

(5)字符间距设置为“加宽、1. 5 磅”,位置设置为“降低、3 磅”。

(6)选择公文编号文本,将其设置为“楷体、小四、红色,居中”。

图 2-26　制作红头文件

(7)在文档中绘制水平直线,并将其设置为“红色、1.5 磅”,文字环绕设置为“嵌入型”。

(8)输入红头文件的正文文本,并设置其段落格式。

(二)制作公司结构图

为某公司制作公司结构图,制作后的效果如图 2-27 所示。

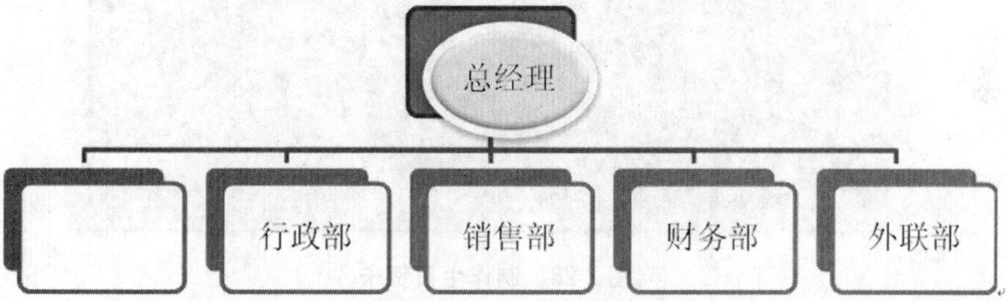

图 2-27　制作公司结构图

(1)插入 SmartArt 图形,选择层次结构图第 1 种样式。

(2)输入图形中的文本内容。

(3)如果需要添加形状,只需单击 SmartArt 工具设计选项卡,在“创建图形”选项组中单击【添加形状】按钮,在下拉菜单中选择所需命令即可。

(4)在“布局”选项组单击【更改布局】按钮,在下拉菜单中选择“层次结构”命令。

(5)将多余文本删除。

(6)在 SmartArt 样式的“更改颜色”中,使用彩色第 3 种样式。

(7)将“总经理”形状改为基本形状“椭圆”;在“形状样式”下拉列表中选择第 4 行第 5 个样式;选择“形状效果”的“预设—预设 1”命令。

(三)制作生日贺卡

制作一张生日贺卡,制作后的效果如图 2-28 所示。

(1)新建一篇文档,将其保存为“生日贺卡.docx”文档。

(2)在文档中插入背景图片。

(3)将图片的对比度调整为“-10%”,亮度调整为“-10%”,图片样式选择“金属框架”,图片边框设置为“水绿色、淡色 60%”。

(4)插入艺术字“Happy Birthday”,样式采用“艺术字样式 24”,将该艺术字设置为华纹琥珀。

(5)将该艺术字的文字环绕设置为“浮于文字上方”;形状填充选择“蓝色”;形状轮廓设置为“紫色”,粗细设置为“1.5 磅”;阴影效果设置为“深蓝、淡色 20%”。

图 2-28　制作生日贺卡

(四)插入数学公式

编辑如下公式

$$\max W(a)=\sum_{i=1}^{n}a_i-\frac{1}{2}\sum_{i,j=1}^{n}a_ia_jy_iy_jK(x_i,x_j)$$

任务五　Word 2007 中的表格操作

一、目的和要求

(1)熟练掌握表格的建立及内容的输入。

(2)熟练掌握表格的编辑和格式化。

二、示例:制作“员工工资表”并进行编辑

用 Word 2007 制作一张“员工工资表”,并对其进行编辑,编辑后的效果如图 2-29 所示。

(1)在“插入”选项卡的“表格”选项组中单击【表格】按钮,在弹出的下拉菜单“插入表格”栏中拖动鼠标,当该栏显示“6×7 表格”时释放鼠标左键。

月份	姓名	基本工资	奖金	补助	合计
2013-6-5	张晓丽	1000	235	160	1395
2013-6-5	王刚	1200	300	160	1660
2013-6-5	刘明	800	200	360	1360
2013-6-5	陈牛	1350	250	420	2020
2013-6-5	孙小雨	900	500	130	1530
平均工资		1 050	297	246	

图 2-29　员工工资表

(2)将文本插入点分别定位到插入文本的表格,输入文本内容,如图 2-30 所示。

(3)将文本插入点定位到最后一行的第 3 列单元格中,在“布局”选项卡的“数据组中单击【公式】按钮。打开“公式”对话框,删除“公式”文本框中的函数,在“粘贴函数”下拉列表框中选择“AVERAGE”选项。

(4)在“公式”文本框中函数的括号内输入要计算的区域“C2:C6”,单击【确定】按钮。

(5)用同样的方法计算出“奖金”和“补助”的平均值。

(6)单击“数据”组中的【公式】按钮,打开“公式”对话框,用 SUM 函数计算除“张晓丽”外其他员工的工资合计值,如图 2-29 所示。

(7)将第 2 行第 3 列中“张晓丽”的基本工资修改为 1000。选择“平均工资”行中的平均基本工资,单击右键,在弹出的快捷菜单中选择“更新域”。返回到 Word 中,可看到更新后的新值,如图 2-30 所示。

月份	姓名	基本工资	奖金	补助	合计
2013-6-5	张晓丽	1000	235	160	
2013-6-5	王刚	1200	300	160	
2013-6-5	刘明	800	200	360	
2013-6-5	陈牛	1350	250	420	
2013-6-5	孙小雨	900	500	130	
平均工资					

图 2-30　初始员工工资表

三、操作内容

(1)创建如表 2-1 所示的学生成绩登记表,要求如下:

表 2-1　学生成绩登记表

姓名成绩	考试成绩 70%	平时成绩 30%			总成绩
		考勤	作业	测验	
王小明	55	7	8	7	77
孙小雨	60	8	8	8	84
陈牛	66	9	9	9	93
李宁	72	10	8	9	99
平均成绩					88.25

①表的标题设置为黑体、五号、居中。

②表内文字设置为宋体、五号、水平居中、垂直居中。

③总成绩=考试成绩+平时成绩。

④平均成绩=学生的总成绩求和/学生人数。

⑤表格外框线为 1.5 磅实线,内框线为 1 磅实线,整个表格居中显示。

(2)将表 2-1 中学生的成绩生成图表,在图表中显示各分量成绩的值。

(3)创建"岗位聘任申请表",如图 2-31 所示。

<table>
<tr><td>姓名</td><td></td><td>性别</td><td></td><td>出生年月</td><td></td><td rowspan="3">照片</td></tr>
<tr><td>婚否</td><td></td><td>政治面貌</td><td></td><td>身份证号</td><td></td></tr>
<tr><td>最后学历</td><td></td><td>毕业时间</td><td></td><td>参加工作时间</td><td></td></tr>
<tr><td>联系方式</td><td colspan="3"></td><td>现职称</td><td colspan="2"></td></tr>
<tr><td rowspan="4">学习及
工作经历</td><td colspan="2">起止时间</td><td colspan="2">地点</td><td colspan="2">职业</td></tr>
<tr><td colspan="2"></td><td colspan="2"></td><td colspan="2"></td></tr>
<tr><td colspan="2"></td><td colspan="2"></td><td colspan="2"></td></tr>
<tr><td colspan="2"></td><td colspan="2"></td><td colspan="2"></td></tr>
<tr><td>申请理由</td><td colspan="6">申请人：　　　年　月　日</td></tr>
<tr><td>部门意见</td><td colspan="6">部门负责人：　　　年　月　日</td></tr>
<tr><td>学院意见</td><td colspan="6"></td></tr>
<tr><td colspan="7">备注:可附本人任现职以来获奖证书、业绩成果等证明材料。</td></tr>
</table>

图 2-31　岗位聘任申请表

任务六 Word 2007 的其他功能

一、目的和要求

（1）掌握新建样式、设置样式的基本操作。

（2）掌握页面格式的设置。

（3）掌握 Word 文档到 PDF 或 XPS 文档的转换。

二、示例

（一）新建样式

通过新建样式，对“2010 届本科毕业典礼贺词. docx”文档进行格式的设置。设置后的文本效果如图 2-32 所示。具体操作步骤如下：

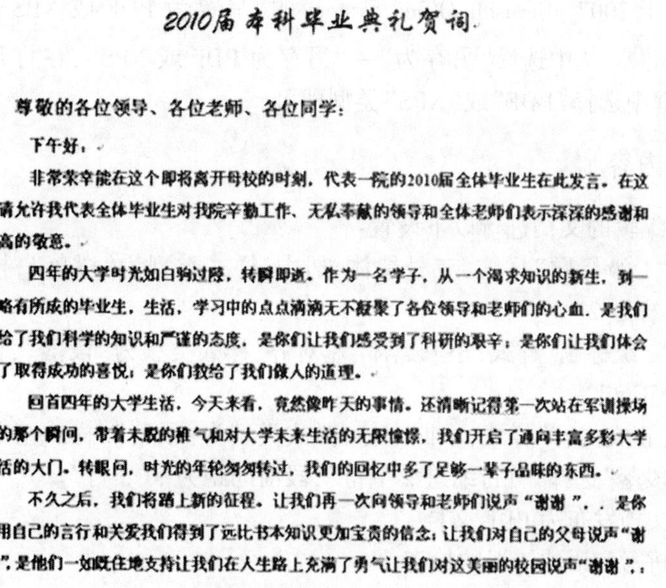

2010届本科毕业典礼贺词

尊敬的各位领导、各位老师、各位同学：

下午好：

非常荣幸能在这个即将离开母校的时刻，代表一院的2010届全体毕业生在此发言。在这里请允许我代表全体毕业生对我院辛勤工作、无私奉献的领导和全体老师们表示深深的感谢和崇高的敬意。

四年的大学时光如白驹过隙，转瞬即逝。作为一名学子，从一个渴求知识的新生，到一名略有所成的毕业生，生活，学习中的点点滴滴无不凝聚了各位领导和老师们的心血。是我们教给了我们科学的知识和严谨的态度，是你们让我们感受到了科研的艰辛；是你们让我们体会到了取得成功的喜悦；是你们教给了我们做人的道理。

回首四年的大学生活，今天来看，竟然像昨天的事情。还清晰记得第一次站在军训操场上的那个瞬间，带着未脱的稚气和对大学未来生活的无限憧憬，我们开启了通向丰富多彩大学生活的大门。转眼间，时光的年轮匆匆转过，我们的回忆中多了足够一辈子品味的东西。

不久之后，我们将踏上新的征程。让我们再一次向领导和老师们说声“谢谢”，是你们用自己的言行和关爱我们得到了远比书本知识更加宝贵的信念；让我们对自己的父母说声“谢谢”，是他们一如既往地支持让我们在人生路上充满了勇气让我们对这美丽的校园说声“谢谢”。

图 2-32 新建样式

（1）新建一篇空白文档，在“页面布局”选项卡的“页面设置”选项组中单击【页边距】按钮，在弹出的下拉菜单中选择“自定义边距”。

（2）在打开的“页面设置”对话框中，将上边距设置为“2 cm”，其他边距设置为“1.5 cm”。

（3）在页面第 1 行中输入“2010 届本科毕业典礼贺词”文本，单击“样式”选项组右下角的【对话框启动器】按钮，打开“样式”任务窗口，单击【新建样式】按钮。

（4）在打开的对话框中，在“名称”文本框中输入新建样式的名称“毕业典礼贺词”。

（5）在“样式类型”下拉列表框中选择“段落”选项，在“样式基准”下拉列表框中选择“标题 1”选项，在“后续段落样式”下拉列表框中选择“正文”选项。

(6)在“格式”栏中,将“字体”设置为“华文行楷”,字号设置为“二号”,字形设置为“加粗”,颜色设置为“深红”,对齐方式设置为“居中对齐”。此时所选文本已添加了自定义样式,同时“样式”任务窗格中将显示自定义样式。

(7)按 Enter 键换行,输入“尊敬的各位领导、各位老师、各位同学:”,并设置其字体为“四号、加粗”。接着输入正文内容,在需要分段的位置按 Enter 键。

(8)选择第一段正文文本,单击【新建样式】按钮。打开“根据格式设置创建新样式”对话框,将样式名称设置为“正文 1”“样式类型”设置为“段落”“样式基准”与“后续段落样式”设置为“正文”,字号设置为“小四”,并“加粗”。

(9)单击对话框下方的【格式】按钮,在弹出的下拉菜单中选择“段落”,打开“段落”对话框;在“特殊格式”下拉列表框中选择“首行缩进”,在后面的数值框中输入“2 字符”,在“间距”栏的“段前”数值框中输入“0.5 行”。选择第 1 段正文,在“剪贴板”选项组中单击“格式刷”,拖动鼠标,快速将当前段落格式应用到其他段落中。

(二)将上面的 Word 文档转换为 PDF 或 XPS 文档

先安装用于 2007 Microsoft Office System 的“另存为 PDF 或 XPS 的加载项”;单击 Office 菜单按钮,从中选择“另存为”—“另存为 PDF 或 XPS”,在打开的“发布为 PDF 或 XPS”对话框中选择“PDF”或“XPS”类型即可。

三、操作内容

对示例中编辑的文档进行以下设置:

(1)新建“1 级标题”样式,三号黑体、居中,样式类型为“段落”,样式基准为“标题 1”,后续段落“标题 2”。

(2)新建“2 级标题”样式,小三黑体、左对齐,样式类型为“段落”,样式基准为“标题 2”,后续段落“正文”。

(3)新建“正文内容”样式,小四宋体,样式类型为“段落”,样式基准为“正文”,后续段落“正文”“段落”选择“首行缩进 2 字符”,段前间距为“0.5 行”。

(4)将该文档发布为 PDF 文档。

(5)进行拼写和语法错误的检查。

实训题

一、判断题

1. 在 Word 2007 中,必须先选定操作内容,然后才能对选定对象进行操作。 (　　)

2. 要将一个剪贴画插入到某个已打开的文档中,可通过“插入”选项卡中的“图片”选项来实现。 (　　)

3. Word 2007 文档中的功能区可由用户根据需要显示或隐藏。 (　　)

4. 用“插入”选项卡中的“符号”选项可以插入符号和其他特殊符号。 (　　)

5. 在“打印预览”窗口中,通过浏览文档可以观察文章段落在页面上的整体布局,但不能对其进行编辑。 (　　)

6. 在 Word 2007 文档中，通常先选定操作对象，再单击右键，可弹出快捷菜单。（　）

7. 在菜单栏选择“插入”选项卡中的“图片”选项，可以在 Word 2007 文档中插入一个图形文件。（　）

8. 在菜单栏选择“插入”选项卡中的“表格”命令，可以插入的最大表格是 4 行×5 列。（　）

9. Word 2007 的运行界面风格是由软件开发人员定制好的，一经安装，用户不能更改。（　）

10. Word 2007 中的功能区的特点是：一般情况下只显示最常用的命令，不常用的命令，需要使用时随时可以显示出来。（　）

11. 使用 Word 2007 文档“Office”菜单中的“新建”命令，既可以建立一个 Word 2007 文档，也可以建立一个 Word 2007 模板文件。（　）

12. Word 2007 中的所有功能都可以直接通过功能区的按钮来实现。（　）

13. 在 Word 2007 中，Enter 键是段落的标志，每按一次 Enter 键，Word 2007 认为建立一个段落，包括一个空行。（　）

14. 在 Word 2007 文档中输入文字时，每输入一行文字需要按一次 Enter 键，不管该段文字是否结束。（　）

15. 在 Word 2007 中进行选定文本操作时，可以用鼠标选定，也可以用键盘选定。（　）

16. 在 Word 2007 中，样式可以由用户创建，模板不能由用户创建。（　）

17. 在 Word 2007 中，可以用拖动方法将选定的文本移动到指定位置，也可以用剪切的方法将选定的文本移动到指定位置。（　）

18. 利用 Word 2007 的查找和替换功能，可以将一个长文本中的所有内容替换为某一指定的文件内容。（　）

19. 用 Word 2007 建立的文档，通过文档转换后都可以在其他软件中使用，在其他软件中编辑的文件经过转换后也都可以在 Word 2007 中使用。（　）

20. 在 Word 2007 文档的段落对齐方式中，左对齐和两端对齐是完全一样的。（　）

21. 既可以直接在功能区中选择“插入”选项卡的“页码”命令插入页码，也可以在插入页眉和页脚时选择“页眉和页脚”中的“编辑页脚”命令插入页码，但这两种方法插入的页码性质不同。（　）

22. 在 Word 2007 中，格式和样式是两个完全相同的概念。（　）

23. 在 Word 2007 中，表格中可以插入任何文字、数字和图形。（　）

24. 在 Word 2007 中，当表格的单元格中输入的文字长度超过单元格宽度时，表格会自动扩展列宽。（　）

25. 在 Word 2007 中，表格也可以像图片一样设置与文字的环绕。（　）

26. 表格中的单元格可以从横向拆分为多个单元格，也可以从纵向拆分为多个单元格。（　）

27. 文本框与图片相似,所以可以用插入"图片"命令插入文本框。( )
28. 在文本框中也可以插入图片。( )
29. 双击文档窗口的【Office】按钮可以退出 Word 2007 的运行环境。( )
30. 通过鼠标拖动操作,可将已选定的文本移动或复制到另一个已打开的文档中。( )
31. 在 Word 2007 文档中,只有普通、页面和大纲三种显示视图。( )
32. 在任何显示视图下,均可在 Word 2007 文档中插入图片,亦可插入文本框。( )
33. 插入文本框必须在页面视图下进行。( )
34. 单击 Office 菜单的【打印】按钮,可在默认打印机上打印文档中的选定部分或某几页。( )
35. 标尺的作用是控制文本内容在页面中的位置。( )
36. 在"资源管理器"中双击一个 Word 2007 文档文件,可以启动 Word 2007 并打开该文件。( )
37. 在普通显示模式下,显示的效果和打印出来的效果完全一致。( )
38. 文本框可以实现被正文环绕。( )
39. 在文档中插入分节符可以在同一页上实现不同格式文本的分栏。( )
40. 在 Word 2007 中,一个表格的大小不能超过一页。( )
41. 在使用"插入表格"命令插入一张空表格时,各列的列宽相等。( )
42. 改变表格的列宽时,只能改变一整列的宽度,不能单独改变某个单元格的列宽。( )
43. 在 Word 2007 表格中,不能改变表格线的粗细。( )
44. 在 Word 2007 表格中,不能删除单元格,只能删除其中的内容。( )
45. 在 Word 2007 表格中,可以将表格中的一个单元格拆分为多个单元格。( )
46. Word 2007 具有表格计算功能,可对行、列或某一范围单元格中的数值进行计算,其单元格命名方式与 Excel 相同。( )
47. Word 2007 的表格可以指定依据某列数据进行排序。( )
48. 一个已填入数据的表格,不能再用"自动套用格式"命令来改变表格的格式。( )
49. Word 2007 具有将表格中的数据制作成图表的功能。( )
50. 在 Word 2007 中,同时打开多个 Word 2007 文档后,在同一时刻有一个是当前文档。( )
51. 用"插入"选项卡中的"符号"命令,可以插入特殊符号。( )
52. 使用 Word 2007 编辑文档时,要显示页眉、页脚内容,应采用普通视图方式。( )
53. Word 2007 提供了强大的数据保护功能,即使用户在操作中连续出现多次误删除,也可以通过"撤销"功能,全部予以恢复。( )

54. 删除表格中的行,可先选定要删除的行,然后按 Backspace 键或 Delete 键。
( )

55. 复制格式设置的快速方式是使用“开始”选项卡中的“格式刷”命令。( )

56. Word 2007 具有分栏功能,各栏的宽度可以不同。( )

57. 利用 Word 2007 录入和编辑文档之前,必须首先确定所编辑的文档的文件名。
( )

58. 文档存盘后自动退出 Word 2007。( )

59. 在 Word 2007 中,一个段落可设置为既是居中又是两端对齐。( )

60. Word 2007 具有图文混排功能。( )

61. Word 2007 在编辑文档时,有“自动保存文件”的功能。( )

62. 在 Word 2007 中,文本和图片可以重叠排版。( )

63. Word 2007 文档中不但可以插入图形,还可插入声音。( )

64. 在 Word 2007 中,使用“查找和替换”方法不能完成对指定内容的格式的替换操作。( )

65. 在 Word 2007 中,标尺是按一个字符宽度标度的。( )

66. 在 Word 2007 的表格处理时,有“绘制斜线表头”命令可供选择。( )

67. 删除 Word 2007 表格的方法是将整个表选定,然后按 Delete 键。( )

68. 在 Word 2007 中,艺术字可以自由旋转。( )

69. 在 Word 2007 中,可以选择矩形块。( )

70. 在 Word 2007 中,剪切下的正文不能再恢复。( )

71. Word 2007 是一个文字处理软件,它具有强大的文字、表格和图形的处理功能。
( )

72. 在 Word 2007 中,“先选定、后操作”是进行编辑的基本规则。( )

73. 在 Word 2007 的编辑状态,可以同时显示水平标尺和垂直标尺的视图方式是普通视图。( )

74. 在 Word 2007 中,“复制”和“移动”操作均可以在不同的文档之间进行。( )

75. 在 Word 2007 文档中,选定文本块时不可以同时选定几个不连续的段落。
( )

76. Word 2007 表格处理计算中可以复制公式。( )

77. 在 Word 2007 文档中,如果加入了页码,则首页必须显示页码。( )

78. 在 Word 2007 的普通视图中可以显示首字下沉的效果。( )

79. 鼠标指针通过 Word 2007 编辑区时的形状为箭头。( )

80. Word 2007 的文本编辑区内有一个闪动的粗竖线,它表示插入点,可在该处输入字符。( )

81. “粘贴”命令的快捷键是 Ctrl+V。( )

82. 打算将文档中的一段文字从目前位置移到另外一处,第一步应当复制。( )

83. 在 Word 2007 工作过程中,删除插入点光标右边的字符,按 Delete 键。( )

84. 为了方便地输入特殊符号、当前日期时间等,可以采用“插入”选项卡中的相应命

令。（　）

85. 在 Word 2007 的编辑状态下，若要调整左右边界，比较直接、快捷的方法是调整标尺上的左、右缩进游标。（　）

86. 在 Word 2007 文档中选中某句话，连击两次“开始”选项卡中的斜体按钮，则这句话的字符格式不变。（　）

87. 在 Word 2007 中，默认整篇文档为一节。（　）

88. 在 Word 2007 文档中，每个段落都有自己的段落标记，段落标记的位置在段落的结尾部。（　）

89. Word 2007 中，在正文区中拖动鼠标可实现对文本的快速选定。（　）

90. Word 2007 中，两个段落之间的间距是通过设置“段落”对话框中的“段前”和“段后”值来调整的。（　）

91. Word 2007 中“纸张大小”的设置是在“页面布局”选项组中进行的。（　）

92. 当 Word 2007 的文档内容没有达到一页大小时，可以在文档中插入人工分页符进行分页。（　）

93. 在 Word 2007 中，表格是由多个单元格组成的，单元格中只能填充文字。（　）

94. 在 Word 2007 中，图片周围不能环绕文字，只能单独在文档中占据几行位置。（　）

95. 在 Word 2007 中，页边距是文字与纸张边界之间的距离，分为上、下、左、右四类。（　）

96. 在 Word 2007 中，一旦进入“打印预览”窗口，“放大/缩小”按钮即被选中，鼠标指针变为放大镜。（　）

二、选择题

1. Word 2007 属于（　）软件。

A. 系统　B. 应用　C. 绘图　D. 工具

2. 在 Word 2007 中，为了快速生成表格，可以从“插入”选项卡中选择或单击（　）按钮。

A. 插入图标　B. 分栏　C. 插入表格　D. 绘图

3. 在 Word 2007 中，选定整个文档为文本块，可使用（　）组合键。

A. Ctrl+A　B. Shift+A　C. Alt+A　D. Ctrl+Shift+A

4. 在 Word 2007 窗口中，“Office”菜单中的若干文件名表明（　）。

A. 这些文件目前处于打开状态

B. 这些文件目前正排队等待打印

C. 这些文件最近用 Word 2007 处理过

D. 这些文件是当前目录中扩展名为. docx 的文件

5. 在 Word 2007 文档的编辑过程中，可以按组合键（　）保存文件。

A. Shift+S　B. Alt+S　C. Ctrl+S　D. Ctrl+Shift+S

6. 在 Word 2007 的编辑状态下，若要调整左右边界，比较直接、快捷的方法是使用（　）。

A. 样式　　B.“字体”选项组　　C.“段落”选项组　　D. 标尺

7. 下列菜单中,含有设定字体命令的选项卡是(　　)。

A. 开始　　B. 页面布局　　C. 审阅　　D. 视图

8. 打开 Word 2007 文档一般是指(　　)。

A. 从内存中读文档的内容,并显示出来

B. 为指定文件开设一个新的、空的文档窗口

C. 把文档的内容从磁盘调入内存,并显示出来

D. 显示并打印出指定文档的内容

9. 在 Word 2007 中,如果用户需要“撤销”上一步的操作,或者“重复”上一步的操作。这两个操作的组合键分别是(　　)。

A. Ctrl+T 和 Ctrl+I　　B. Ctrl+Z 和 Ctrl+Y

C. Ctrl+Z 和 Ctrl+I　　D. Ctrl+T 和 Ctrl+Y

10. 在一个正处于编辑状态的 Word 2007 文档中,选择一段文字有两种方法:一种是将鼠标移到这段文字的开头,按住鼠标左键,一直拖到这段文字的末尾;另一种方法是将光标移到这段文字的开头,按住(　　)键,再按方向键,直至选中需要的文字。

A. Ctrl　　B. Alt　　C. Shift　　D. Esc

11. 在 Word 2007 中,对于用户可以编辑的文档个数,下面说法中正确的是(　　)。

A. 用户只能打开一个文档进行编辑

B. 用户只能打开两个文档进行编辑

C. 用户可打开多个文档进行编辑

D. 用户可以设定每次打开的文件个数

12. 在 Word 2007 中制作表格时,按(　　)组合键,可以将光标移到前一个单元格。

A. Tab　　B. Shift+Tab　　C. Ctrl+Tab　　D. Alt+Tab

13. 在 Word 2007 中,用户若需要将一篇文章中的字符串“Internet”全部替换为字符串“因特网”,则可以在“编辑”选项组中选择替换选项,也可以按(　　)组合键。

A. Ctrl+F　　B. Ctrl+G　　C. Ctrl+A　　D. Ctrl+H

14. 关于 Word 2007 的功能,下面说法中错误的是(　　)。

A. Word 2007 可以自动保存文件,间隔时间由用户设定

B. Word 2007 在查找和替换字符串时,可以区分大小写,但目前不能区分全角半角

C. Word 2007 可以正确编辑标准文本文件,但用 DOS 的 TYPE 命令不能正确显示 Word 2007 文档的内容

D. 在 Word 2007 中,能以不同的比例显示文档

15. 中文 Word 2007 的运行环境是(　　)。

A. MS-DOS　　B. 汉字操作系统

C. 多任务操作系统　　D. Windows

16. Word 2007 在编辑排版一个文件完毕后,要想知道其打印效果,可以选择(　　)功能。

A. 打印预览　　B. 模拟打印

C. 提前打印　　　　　　　　　　D. 屏幕打印

17. 可以退出 Word 2007 的键盘操作为按(　　)组合键。

A. Shift+F4　　B. Alt+F4　　C. Ctrl+F4　　D. Ctrl+Esc

18. 启动中文 Word 2007 后,空白文档的名字为(　　)。

A. 文档 l. docx　　　　B. 新文档. docx

C. 文档. docx　　　　D. 我的文档 l. docx

19. Word 2007 提供了多种显示文档的方式,有所见即所得的显示效果方式是(　　)。

A. 普通视图　　B. 页面视图　　C. 大纲视图　　D. 打印预览

20. 下列视图中,不是 Word 2007 提供的视图是(　　)。

A. 普通视图　　B. 页面视图　　C. 大纲视图　　D. 合并视图

21. 在 Word 2007 中,当前正在编辑文档的文档名显示在(　　)。

A. 功能区　　B. "开始"选项卡

C. 状态栏　　D. 标题栏

22. 在 Word 2007 中,当退出全屏显示视图时,切换到(　　)。

A. 默认的普遍视图　　　　B. 页面视图

C. 大纲视图　　　　D. 原先的视图

23. 在 Word 2007 中,可在(　　)选项卡中改变文档的字体大小。

A. 开始　　B. 插入　　C. 页面布局　　D. 视图

24. 在 Word 2007 编辑的文档内容中,文字下面的红色波浪下划线表示(　　)。

A. 已修改过的文档　　　　B. 对输入的确认

C. 可能有拼写错误　　　　D. 可能有语法错误

25. 在 Word 2007 编辑时,文字下面有绿色波浪下划线表示(　　)。

A. 已修改过的文档　　　　B. 对输入的确认

C. 可能有拼写错误　　　　D. 可能有语法错误

26. 在 Word 2007 中,一个文档有 200 页,定位于第 112 页的最快方式是(　　)。

A. 用垂直滚动条,快速移动文档,定位于第 112 页

B. 用 Page UP 或 Page Down 键定位于第 112 页

C. 用向下或向上箭头定位于第 112 页

D. 用"定位…"命令定位于第 112 页

27. Word 2007 的查找和替换功能十分强大,不属于其功能的是(　　)。

A. 能够查找文本和替换文本中的格式

B. 能够查找和替换带格式及样式的文本

C. 能够查找图形对象

D. 能够用通配字符进行复杂的搜索

28. 在 Word 2007 中,"替换"对话框中设定了搜索范围为向下搜索并单击【全部替换】按钮,则(　　)。

A. 对整篇文档查找并替换匹配的内容

B. 从插入点开始向下查找并替换当前找到的内容

C. 从插入点开始向下查找并全部替换匹配的内容

D. 从插入点开始向上查找并替换匹配的内容

29. 在 Word 2007 中，用新名字保存文件应(　　)。

A. 执行“Office”菜单中的“另存为”命令

B. 执行“Office”菜单中的“保存”命令

C. 单击快速启动工具栏的【保存】按钮

D. 复制文件到新命名的文件中

30. 在编辑 Word 2007 文档时，要用键盘完成文字或图形的复制，应先按(　　)键。

A. Ctrl　　B. Alt　　C. Shift　　D. F1

31. 在 Word 2007 中，当选中了文档的内容并按 Delete 键，则(　　)。

A. 相当于“剪切”功能

B. 相当于“清除”功能，但可被粘贴

C. 文档内容被清除，但能用 Undo 命令恢复

D. 文档内容没有被清除

32. 在编辑 Word 2007 文档时，输入的新字符总是覆盖了文档中已输入的字符(　　)。

A. 原因是当前文档正处于改写的编辑方式

B. 原因是当前文档正处于插入的编辑方式

C. 连按两次 INSERT 键，可防止覆盖发生

D. 按 Delete 键可防止覆盖发生

33. 在 Word 2007 中，要取消文档中某一段文字的粗体格式，应(　　)。

A. 选中某一段文字，单击“开始”选项卡中的“字体”选项组

B. 直接单击“字体”选项组中的“加粗”命令

C. 选中这一段文字，单击“字体”选项组中的“非粗体”命令

D. 单击“字体”选项组中的“非粗体”命令

34. 在 Word 2007 中选中某一段文字，连击两次“字体”选项组中的斜体按钮，(　　)。

A. 这段文字是左斜体格式　　B. 这段文字是右斜体格式

C. 这段文字的字符格式不变　　D. 产生错误报告

35. 在 Word 2007 中，段落是一个格式化单位，下列不属于段落的格式有(　　)。

A. 对齐方式　　B. 缩进　　C. 制表位　　D. 字体

36. 在 Word 2007 中，每个段落(　　)。

A. 以句号结束　　B. 以用户输入 Enter 键结束

C. 以空格结束　　D. 由 Word 2007 自动设定结束

37. 在 Word 2007 中，标尺的顶部倒三角形标记代表(　　)。

A. 左端缩进　　B. 右端缩进　　C. 首行缩进　　D. 悬挂式缩进

38. 在 Word 2007 中，文档的视图模式会影响字符在屏幕上的显示方式，为了保证字

符格式的显示与打印完全相同应设定(　　)。

A. 大纲视图　　B. 普通视图　　C. 页面视图　　D. 全屏幕视图

39. 在 Word 2007 中,创建表格,有步骤:①用鼠标单击表格按钮,然后拖动鼠标选择要求的行列数;②把插入点置于想插入表格的地方;③当显示的格子达到要求的行列数,释放鼠标键;④拖动鼠标到插入点。正确的操作为(　　)。

A. ①、④、③　　B. ②、①、③　　C. ②、①、④　　D. ①、④

40. 在 Word 2007 中,对一个 4 行×4 列的表格编辑正文时,当在表格的第 3 行最左一列处按 Shift+Tab 组合键后,插入点将(　　)。

A. 移动到表格的 2 行 4 列处　　B. 移动到表格的 2 行 1 列处

C. 移动到表格的 4 行 4 列处　　D. 移动到表格的 4 行 1 列处

41. Word 2007 在"全角"方式下显示一个 ASCⅡ 字符,要占用的显示位置是(　　)。

A. 2 个英文字符　　B. 1 个英文字符

C. 半个汉字　　D. 2 个汉字

42. 在 Word 2007 中,下列操作中不能选择全部文档的是(　　)。

A. 将光标移到文本左边空白区内任意处,三击

B. 将光标移到文本右边空向区内任意处,三击

C. 将光标移到文本左边空白区内任意处,按住 Ctrl 键并单击鼠标左键

D. 按 Ctrl+A 组合键

43. 在 Word 2007 编辑状态下,操作的对象经常是被选择的内容,若鼠标在某行行首的左边,(　　)可以仅选择光标所在的行。

A. 单击鼠标　　B. 三击鼠标　　C. 双击鼠标　　D. 右键单击鼠标

44. 下列关于文档窗口的说法中正确的是(　　)。

A. 只能打开一个文档窗口

B. 可以同时打开多个文档窗口,被打开的窗口都是活动窗口

C. 可以同时打开多个文档窗口,但其中只有一个是活动窗口

D. 可以同时打开多个文档窗口,但在屏幕上只能见到一个文档窗口

45. 在 Word 2007 中,不能设置的文字格式为(　　)。

A. 加粗倾斜　　B. 加下划线　　C. 立体字　　D. 加底纹

46. 在 Word 2007 的编辑状态下,进行字体设置操作后,按新设置的字体显示的文字是(　　)。

A. 插入点所在段落中的文字　　B. 文档中被选择的文字

C. 插入点所在行中的文字　　D. 文档全部文字

47. 当前活动窗口是文档 d1. docx 的窗口,单击该窗口"最小化"按钮后(　　)。

A. 不显示 d1. docx 文档内容

B. 该窗口和 d1. docx 文档都被关闭

C. d1. docx 文档未被关闭,且继续显示其内容

D. 关闭了 d1. docx 文档但该窗口并未关闭

48. 在 Word 2007 的编辑状态下,下列 4 种组合键中,一般可以从当前输入汉字状态

转换到输入 ASCⅡ字符状态的组合键是(　　)。

A. Ctrl+空格组合键　　B. Alt+Ctrl 组合键

C. Shift+空格组合键　　D. Alt+空格组合键

49. 在 Word 2007 编辑状态,要在文档中添加符号"☆",应当使用(　　)选项卡中的命令。

A. 开始　　B. 页面布局　　C. 视图　　D. 插入

50. 在 Word 2007 的编辑状态,进行"替换"操作时,应当使用(　　)选项卡中的命令。

A. 开始　　B. 页面布局　　C. 视图　　D. 插入

51. 在 Word 2007 的编辑状态,依次打开了 d1. docx、d2. docx、d3. docx 和 d4. docx 四个文档,当前的活动窗口是(　　)文档的窗口。

A. d1. docx　　B. d2. docx　　C. d3. docx　　D. d4. docx

52. 在 Word 2007 的编辑状态,执行两次"剪切"操作,则剪贴板中(　　)。

A. 仅有第一次被剪切的内容　　B. 仅有第二次被剪切的内容

C. 有两次被剪切的内容　　D. 内容被清除

53. 在 Word 2007 的编辑状态,文档窗口显示出水平标尺,则当前的视图方式一定是(　　)。

A. 普通视图方式　　B. 页面视图方式

C. 页面视图方式或普通视图方式　　D. 大纲视图方式

54. 在 Word 2007 的编辑状态,在当前编辑一个新建文档"文档 1. docx",当执行"保存"命令后(　　)。

A. 该"文档 1"被存盘

B. 弹出"另存为"对话框,供进一步操作

C. 自动以"文档 1"为名存盘

D. 不能将"文档 1"存盘

55. 在 Word 2007 的编辑状态,选择了整个表格,执行"表格工具布局"选项组中的"删除行"命令,则(　　)。

A. 整个表格被删除　　B. 表格中一行被删除

C. 表格中一列被删除　　D. 表格中没有被删除的内容

56. 在 Word 2007 的编辑状态,为了文档设置页码,可以使用(　　)选项卡中的命令。

A. 开始　　B. 页面布局　　C. 视图　　D. 插入

57. 在 Word 2007 编辑状态,当前编辑的文档是 C 盘中的 d1. docx 文档,要将该文档复制到 D 盘上,应当执行"Office"菜单中的(　　)命令。

A. 另存为　　B. 保存　　C. 新建　　D. 插入

58. 利用 Word 2007"视图"选项卡的"显示比例"选项组中的"显示比例"命令,可以实现(　　)。

A. 字符的缩放　　B. 字符的缩小　　C. 字符放大　　D. 以上都不正确

59. 在 Word 2007 中,选择一个矩形文字块时,应按住(　　)键并拖动鼠标左键。

A. Ctrl　　B. Shift　　C. Alt　　D. Tab

60. 在 Word 2007 中,执行“Office”菜单中的“新建”命令,在新打开的窗口中(　　)。

A. 新建立一个文档

B. 打开用户指定的文档

C. 显示、处理原先当前窗口里所编辑的文档

D. 没有任何文档

61. 当前活动的文档为 C:\mydir 目录下的 test. docx,进行编辑后,执行“Office”菜单中的“另存为”命令,则(　　)。

A. C:\mydir 目录下 test. docx 不再存在,编辑的结果存入另一个新文件

B. C:\mydir 目录下 test. docx 保持不变,编辑的结果存入 C:\mydir 目录的另一个新文件,文件名由用户在对话框中指定

C. 编辑的结果存入 C:\mydir 目录下 test. docx 中,同时编辑的结果存入另一个新文件,文件名和路径由用户在对话框中指定

D. C:\mydir 目录下 test. docx 保持不变,同时编辑的结果存入另一个新文件,文件名和路径由用户在对话框中指定

62. 在 Word 2007 的编辑状态下,设置了一个由多个行和列组成的表格。如果选中一个单元格,再按 Delete 键,则删除该单元格(　　)。

A. 所在的行　　B. 内容

C. 右方单元格左移　　D. 下方单元格上移

63. 在 Word 2007 中,“拆分表格”指的是(　　)。

A. 从某两行之间把原来的表格分为上、下两个表格

B. 从某两列之间把原来的表格分为左、右两个表格

C. 从表格的正中把原来的表格分为两个表格,拆分方向由用户指定

D. 在表格中由用户任意指定一个区域,将其单独存为另一张表格

64. 在 Word 2007 中,选定一个单元格,执行“拆分单元格”命令,则(　　)。

A. 将单元格拆分为多列,列数由用户指定

B. 将单元格拆分为多行,行数由用户指定

C. 将单元格拆分为多行多列,列数和行数由用户指定

D. 默认将单元格拆分为 3 列 1 行

65. Word 2007 文档的默认扩展名为(　　)。

A. . docx　　B. . dat　　C. . txt　　D. . bmp

66. Word 2007 窗口的菜单栏中有(　　)个一级菜单选项。

A. 4　　B. 7　　C. 8　　D. 9

67. 有关 Word 2007 的编辑操作,下列说法中不正确的是(　　)。

A. 复制就是把选定的文字或图形复制到当前文档的指定位置

B. 只有做完选定操作之后,才能进行复制或剪切操作

C. 只有做完复制或剪切操作之后,才能进行粘贴操作

D. 粘贴是将剪贴板上的内容复制到指定文档的指定位置

68. 将 Word 2007 文档中的一部分文本内容复制到别处,先要进行的操作是(　　)。

A. 选定内容　　B. 复制　　C. 剪切　　D. 替换

69. 当一个 Word 2007 文档窗口被关闭后,该文档将(　　)。

A. 保存在外存中　　B. 保存在内存中

C. 保存在剪贴板中　　D. 既保存在外存中也保存在内存中

70. 在 Word 2007 的编辑状态下,文档有一行被选择,当按 Delete 键后,(　　)。

A. 删除了插入点所在的行

B. 删除了被选择的一行

C. 删除了被选择行及其后的所有内容

D. 删除了插入点及其前的所有内容

71. 在 Word 2007 文档中,每个段落都有自己的段落标记,段落标记的位置在(　　)。

A. 段落的首部　　B. 段落的结尾处

C. 段落的中间位置　　D. 段落中,但用户找不到的位置

72. Word 2007 具有分栏功能,下列关于分栏的说法中正确的是(　　)。

A. 最多可以设 4 栏　　B. 各栏的宽度必须相同

C. 各栏的宽度可以不同　　D. 各栏之间的间距是固定的

73. Word 2007 提供了一些误操作的“撤销”命令,也提供了“恢复”不该被撤销操作的命令,可直接用(　　)组合键进行恢复。

A. Ctrl+U　　B. Ctrl+Z　　C. Shift+U　　D. Shift+Y

74. 不能关闭 Word 2007 的操作是(　　)。

A. 双击标题栏

B. 单击标题栏右边的“关闭”按钮

C. 执行“Office”菜单中的“关闭”命令

D. 执行“Office”菜单中的“退出 Word”命令

75. 在使用 Word 2007 进行文字编辑时,下列叙述中错误的是(　　)。

A. Word 2007 可将正在编辑的文档另存为一个纯文本(.txt)文件

B. 执行“Office”菜单的“打开”命令可以打开一个已存在的 Word 2007 文档

C. 打印预览文档时,打印机必须是开启的

D. Word 2007 允许同时打开多个文档

76. 下列对 Word 2007 编辑功能的描述中错误的是(　　)。

A. Word 2007 可以开启多个文档编辑窗口

B. Word 2007 可以插入多种类型的图形文件

C. Word 2007 可以将多种格式的系统日期、时间插入到光标位置

D. 执行“复制”命令可将已选中的对象直接复制到光标位置

77. Word 2007 软件处理的主要对象是(　　)。

A. 表格　　B. 文档　　C. 图片　　D. 数据

78. Word 2007 中的段落格式设置是在(　　)选项卡中设定的。

A. 开始　　B. 视图　　C. 插入　　D. 页面布局

79. 在 Word 2007 中可以建立几乎所有的复杂公式,通过(　　)可实现。

A. 执行"插入"选项卡中的"公式"命令

B. Excel 公式

C. 执行"插入"选项卡中的"符号"命令

D. 执行"插入"选项卡中的"对象"命令

80. 为了在 Word 2007 文档中获得艺术字的效果,可以(　　)。

A. 执行"插入"选项卡中的"图片"

B. 选用 Windows XP 的"画图"程序

C. 执行"插入"选项卡中的"艺术字"

D. 执行"开始"选项卡中的"字体"命令

81. 在 Word 2007 中,(　　)实际上应该在文档的编辑、排版和打印等操作之前进行,因为它对许多操作都将产生影响。

A. 页面设置　　B. 打印预览　　C. 字体设置　　D. 页码设定

82. 在 Word 2007 中为了使文字版面更美观,需要插入首字下沉效果,具体操作是(　　)。

A. 选中要设置的文字,然后执行"插入"选项卡中的"首字下沉"命令

B. 执行"开始"选项卡中的"首字下沉"命令

C. 选中要设置的文字,然后执行"开始"选项卡中的"首字下沉"命令

D. 执行"插入"选项卡中的"首字下沉"命令

83. 在 Word 2007 中,关于页眉和页脚的设置,下列叙述中错误的是(　　)。

A. 允许为文档的第一页设置不同的页眉和页脚

B. 允许为文档的每个节设置不同的页眉和页脚

C. 允许为偶数页和奇数页设置不同的页眉和页脚

D. 不允许页眉和页脚的内容超出页边距范围

84. 在 Word 2007 图形编辑器中,用选定框选中多个图形造成图形没有被全部选定的原因是(　　)。

A. 图形不可选

B. 图形处于文字层的下层

C. 图形处于文字层的上层

D. 没有把所有对象全部圈于选定框中

85. 在 Word 2007 中,用鼠标拖动图形的控点实现 Word 2007 文档中图片裁剪,若要同时相等地裁剪两边,在向内拖动任意一边上中心控点的同时需按住(　　)键。

A. Shift　　B. Ctrl　　C. Alt　　D. F1

86. 打印页码"2-5,10,12"表示打印的是(　　)。

A. 第 2 至 5 页、第 10 页、第 12 页　　B. 第 2 至 5 页,第 10 至 12 页

C. 第 2 页、第 5 页、第 10 页、第 12 页　　D. 第 3 页、第 4 页、第 10 页、第 12 页

87. 在文档中人工设定分页符的是(　　)命令。

A. "页面布局"选项卡中的"页面设置"

B."视图"选项卡中的"页面"

C."页面布局"选项卡中的"分隔符"

D."插入"选项卡中的"分页"

88. 如果文档中某一段与其前后两段之间要求留有较大间隔,最好的解决方法是(　　)。

A. 在每两行之间用按 Enter 键的办法添加空行

B. 在每两段之间用按 Enter 键的办法添加空行

C. 用段落格式设定来增加段距

D. 用字符格式设定来增加间距

89. 能插入 Word 2007 文档中的图形文件(　　)。

A. 只能是在 Word 2007 中绘制的

B. 只能是 Windows 中的"画图"程序产生的 BMP 文件

C. 可以是 Windows 中的 Excel 程序产生的统计图表

D. 可以是 Windows 所能支持的多种格式的文件

90. 在 Word 2007 中可以在文档的每页或一页上打印一图形作为页面背景,这种特殊的文本效果被称为(　　)。

A. 图形　　B. 艺术字　　C. 插入艺术字　　D. 水印

91. 启动 Word 2007 可以有各种方法,下面不常使用的是(　　)。

A. 从开始菜单的程序子菜单中找到 Word 2007 启动

B. 进入安装 Word 2007 所在的文件夹,双击 Word 2007 的图标

C. 通过已有的 Word 2007 文档启动

D. 双击桌面上所建的 Word 2007 的快捷方式图标

92. (　　)不可以关闭 Word 2007。

A. 单击标题栏右侧的关闭按钮　　B. 双击标题栏

C. 按 Ctrl+F4 组合键　　D. 按 Alt+F4 组合键

93. 双击 Word 2007 窗口的标尺可以打开(　　)对话框。

A."页面设置"　　B."标尺设置"　　C."打印设置"　　D."打开文件"

94. 在"Office"菜单中选择"打印"选项进行打印文档的是(　　)。

A. 只可以打印当前页　　B. 可以打开"打印"对话框

C. 可以打印文档的所有页　　D. 打印指定页

95. 能使所有行的左右两端完全对齐(首行除外)的对齐方式是(　　)。

A. 左对齐　　B. 右对齐　　C. 居中　　D. 分散对齐

E. 两端对齐　　F. 顶端对齐

96. 以只读方式打开的文档进行修改后,应当用(　　)进行保存。

A."Office"菜单的"保存"命令　　B. Ctrl+S 保存

C."Office"菜单的"另存为"命令　　D. 鼠标

97. 在 Word 2007 中,样式只能应用于(　　)。

A. 光标所在段落　　B. 选定文本

C. 光标所在的节　　　　　　　　　　D. 整个文档

98. Word 2007 文档中的段落左缩进是指(　　)。

A. 段落离页面左边界的距离

B. 段落离首行缩进的距离

C. 段落离纸张左边界的距离

D. 段落高悬挂缩进的距离

99. 既可以给字符加边框,也可以给段落加边框,给字符和段落加边框操作的区别是(　　)。

A. 加边框的类型不同　　　　　　　　B. 加边框的线型不同

C. 加边框的应用范畴不同　　　　　　D. 加边框的宽度不同

100. 选定图片是通过(　　)进行的。

A. 鼠标的双击　　B. 鼠标的单击　　C. 鼠标三击　　D. Ctrl+S 组合键

101. 下列有关样式的说法中正确的是(　　)。

A. 所有的样式都可以随意删除　　　　B. 可以由用户自定义样式

C. 样式中不包括段落格式　　　　　　D. 样式中不包括页面格式

102. 下列有关模板的说法中正确的是(　　)。

A. 所有的模板都是由系统给定的

B. 系统给定的只有空白文档模板

C. 用户创建的模板可以存放任意目录中

D. 可以由用户自己创建模板

103. 如果将两个单元格合并,原有的单元格内容(　　)。

A. 不合并　　B. 完全合并　　C. 部分合并　　D. 大部分合并

104. 关于 Word 2007 分节符的理解,(　　)是不正确的。

A. 加入分节符之后,整个文章就不是一节

B. 分节符就是通常所说的强制分页符

C. 要实现多种分栏并存,一般要在文档中插入分节符

D. 分节符由一条横贯屏幕的虚线表示

105. 在 Word 2007 文档中,若选定的文字块里包含有几种字号的汉字,则在格式栏字号框中显示(　　)。

A. 首字符的字号　　　　　　　　　　B. 文本块中的最大字号

C. 文本块中的最小字号　　　　　　　D. 空白

106. 在 Word 2007 文档中,在“页面布局”选项卡中选择“页面设置”选项,可对输入的文本(　　)。

A. 设置页边距、纸张的大小和方向、版面

B. 设置纸张的大小和方向、段落对齐方式、字体的大小和颜色

C. 设置页边距、页码、分页方式

D. 设置页边距、段落对齐方式、页码

107. 在 Word 2007 文档中插入文本框时,为了使文本框显示在全页的正确位置,文档

必须处于(　　)视图下。

A. 普通　　B. 页面　　C. 大纲　　D. 主控文档

108. 在编辑 Word 2007 文档过程中,可用(　　)改变段落的缩进格式,调整左右边界和改变表格的栏宽。

A. 菜单栏　　B. 工具栏　　C. 格式栏　　D. 标尺

109. Word 2007 对文档提供了若干保护方式,若需要禁止不知道口令者打开文档,则应设置(　　)。

A. 只读口令　　B. 保护口令

C. 修改口令　　D. 以只读方式打开文档

110. 在普通视图下,以下说法中不正确的是(　　)。

A. 可用标尺设置左右边界边距

B. 可用标尺设置首行缩进

C. 可用垂直标尺设置上下页边距

D. 可以利用标尺设置段落缩进或悬挂缩进

111. 在文档中插入一个空表格时,(　　)。

A. 各行的行高固定

B. 各行和各列的行宽及列宽都相同

C. 各列的列宽相等

D. 各列的列宽是否相等与纸张的大小有关

112. 在一个单元格中输入文字,若该单元格不能容纳所输入的文字内容,(　　)。

A. 该单元格的行高会自动增大

B. 所有单元格的行高和列宽都会自动增大

C. 该单元格的列宽会自动增大

D. 该单元格所在行的行高会自动增大

113. 将表格中的一个单元格拆分为多个单元格后,原单元格中的内容将(　　)。

A. 只保留在拆分后的第一个单元格中

B. 均分配在拆分后的各个单元格中

C. 复制到拆分后的各个单元格中

D. 丢失

项目三　表格处理软件 Excel 2007

任务一　表格数据的输入、编辑及打印输出

一、目的和要求

(1)掌握在工作表中输入、编辑数据的方法。

(2)了解工作表的打印输出。

二、示例

以制作及打印输出员工通信录为例,制作如图 3-1 所示的员工通信录。

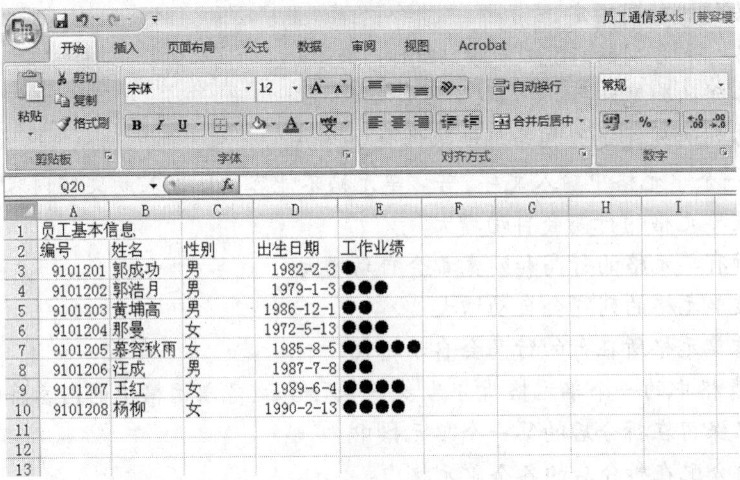

图 3-1　员工通信录

(一)新建"员工通信录"

(1)启动 Excel 2007,默认新建一个名为"Book1"的工作簿,单击快速访问工具栏中的【保存】按钮,打开"另存为"对话框。在"保存位置"下拉列表中选择"桌面"选项。

(2)在"文件名"栏中输入文件名"员工通信录",单击【保存】按钮,返回 Excel 工作簿中。双击"Sheet1"工作表标签,输入"员工基本信息表",将其重命名。

(二)输入工作表标题和表头信息

单击"员工基本信息表"中的 A1 单元格,然后输入"员工基本信息",按 Enter 键确认输入的内容,如图 3-2 所示。

在 A2 单元格输入"编号",然后按 Tab 键,依次在 B2:E2 单元格区域中输入"姓名""性别""出生日期"和"工作业绩"。按 Enter 键,如图 3-3 所示。

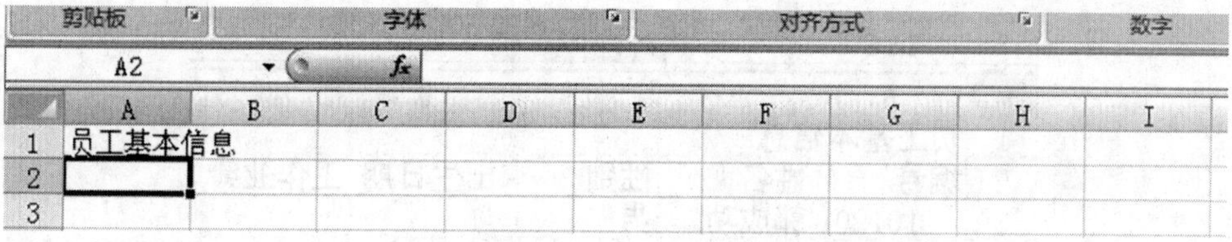

图 3-2　输入工作表标题

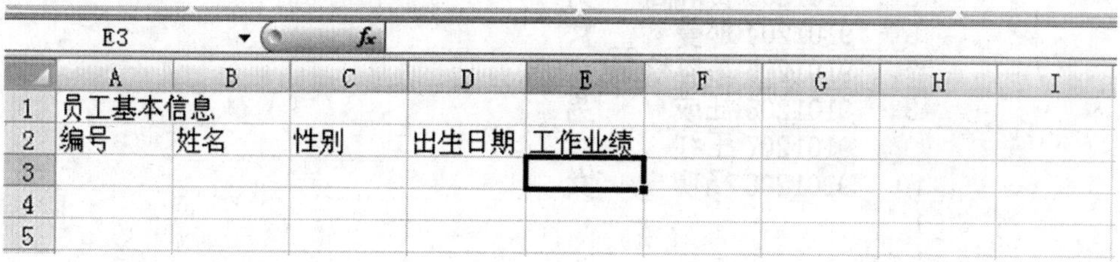

图 3-3　输入表头

（三）输入员工编号

在 A3 单元格中输入“9101201”，然后选中 A3 单元格，将光标移到 A3 单元格右下角，光标变为十字形，向下拖动鼠标至 A10 单元格，如图 3-4 所示。释放鼠标后，将自动按序号的排列顺序填充该单元格区域。

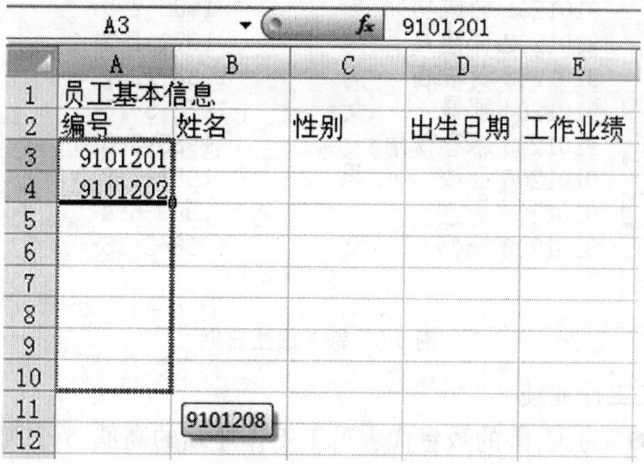

图 3-4　输入员工编号

（四）输入员工的姓名和性别

由于姓名少有重复的情况，所以只能依次输入，而性别只有男、女之分，可以采用同时在多个单元格中输入相同的数据的方法输入。操作步骤如下：在 B3：B10 单元格区域中依次输入员工姓名；选中单元格区域 C3：C5 和单元格 C8，输入“男”，然后按 Ctrl+Enter 键，这样在选中的区域中都输入了“男”。同样，选中单元格区域 C6：C7 和 C9：C10，输入“女”然后按 Ctrl+Enter 键，这样在选中的区域中都输入了“女”。结果如图 3-5 所示。

（五）输入员工出生日期

输入员工出生日期的时候，可以用连字符“-”或“/”分割日期的年、月、日部分。单击 D3 单元格，输入“1982-2-3”或“1982/2/3”，如图 3-6 所示，然后按 Enter 键，依次在 D4：D10 单元格区域中输入每位员工的出生日期。

L18

	A	B	C	D	E
1	员工基本信息				
2	编号	姓名	性别	出生日期	工作业绩
3	9101201	郭成功	男		
4	9101202	郭浩月	男		
5	9101203	黄埔高	男		
6	9101204	那曼	女		
7	9101205	慕容秋雨	女		
8	9101206	汪成	男		
9	9101207	王红	女		
10	9101208	杨柳	女		
11					
12					

图 3-5　输入姓名和性别

H9

	A	B	C	D	E
1	员工基本信息				
2	编号	姓名	性别	出生日期	工作业绩
3	9101201	郭成功	男	1982-2-3	
4	9101202	郭浩月	男	1979-1-3	
5	9101203	黄埔高	男	1986-12-1	
6	9101204	那曼	女	1972-5-13	
7	9101205	慕容秋雨	女	1985-8-5	
8	9101206	汪成	男	1987-7-8	
9	9101207	王红	女	1989-6-4	
10	9101208	杨柳	女	1990-2-13	
11					

图 3-6　输入出生日期

(六)输入员工工作业绩

业绩以输入"●"为主,圆的数量代表员工工作业绩的高低,5 个圆代表最高业绩。

(1)单击 E3 单元格,在"插入"选项卡的"特殊符号"组中单击"更多",在弹出的"插入特殊符号"对话框中选择"特殊符号"选项卡,单击"●",如图 3-7 所示,再单击【确定】按钮,返回到 Excel 工作表。

(2)在 E3 单元格中插入了一个"●"。双击 E3 单元格,选中其中的"●",右键单击选择区域,从弹出的快捷键菜单中选择"复制命令"。

(3)双击 E4,按 Ctrl+V 组合键,在该单元格中粘贴"●",结果如图 3-8 所示。

(4)以同样的方法输入其他员工的工作业绩。

至此,整个员工通信录就制作完成了,单击快速访问工具栏中的【保存】按钮或按 Ctrl+S 组合键,将工作簿保存。

(七)打印输出员工通信录

(1)设置纸张大小及方向。单击"页面布局"选项卡,在"页面设置"组中选择【纸张

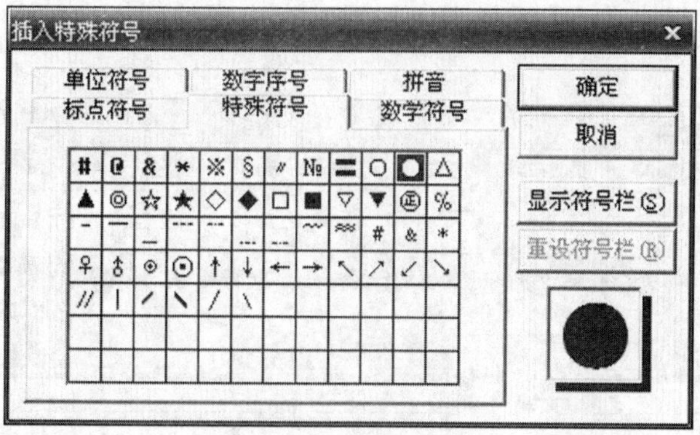

图 3-7　插入特殊符号

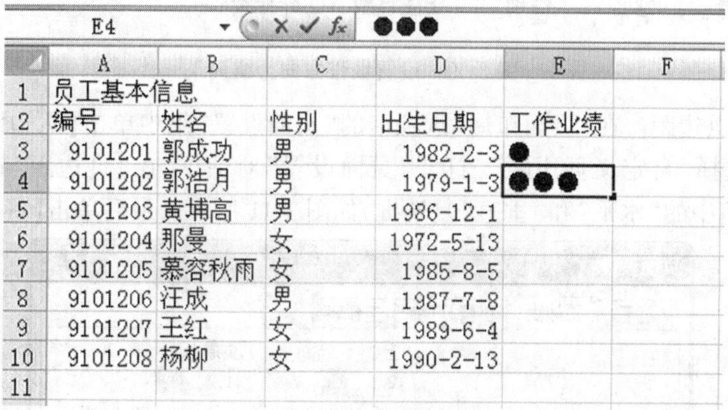

图 3-8　粘贴“●”符号

大小】按钮，在弹出的列表中选择“B5 (JIS)”选项，如图 3-9 所示。

图 3-9　设置纸张大小为 B5

在“页面设置”组中单击【纸张方向】按钮，在出现的列表中可以选择“纵向”或“横向”，如图3-10所示。

图3-10　设置纸张方向为横向

(2)设置页边距。在“页面布局”选项卡的“页面设置”组中单击【页边距】按钮，在弹出的列表中选择“自定义页边距”，打开“页面设置”对话框，在“页边距”选项卡中选中“居中方式”组中的“水平”和“垂直”复选框，如图3-11所示。最后单击【确定】按钮。

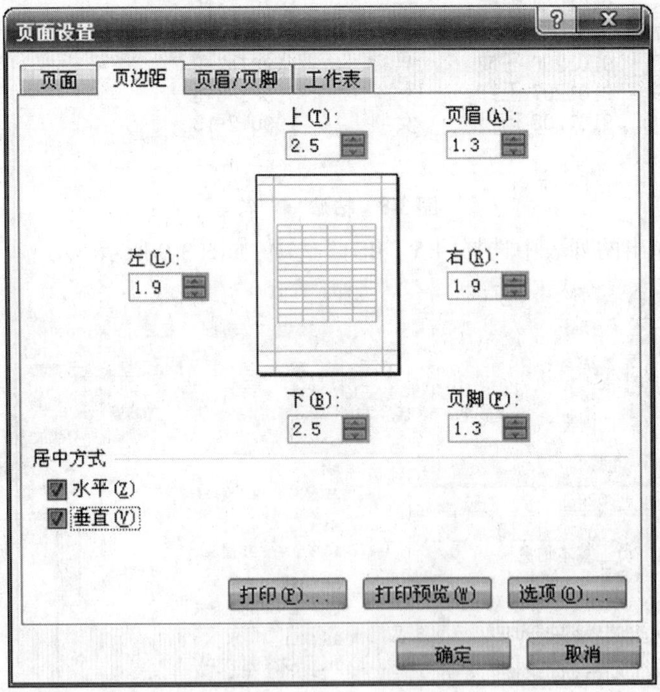

图3-11　页边距设置

(3)设置页眉和页脚。单击“插入”选项卡，在“文本”组中单击【页眉和页脚】按钮，自动切换到“页面布局”视图，如图3-12所示。在“页眉”处选择中间一栏输入“员工基本信息表”；在“页脚”处选择右边一栏，先输入“制作时间：”，然后单击“页眉和页脚元素”组中的【当前日期】按钮，插入日期，如图3-13所示。

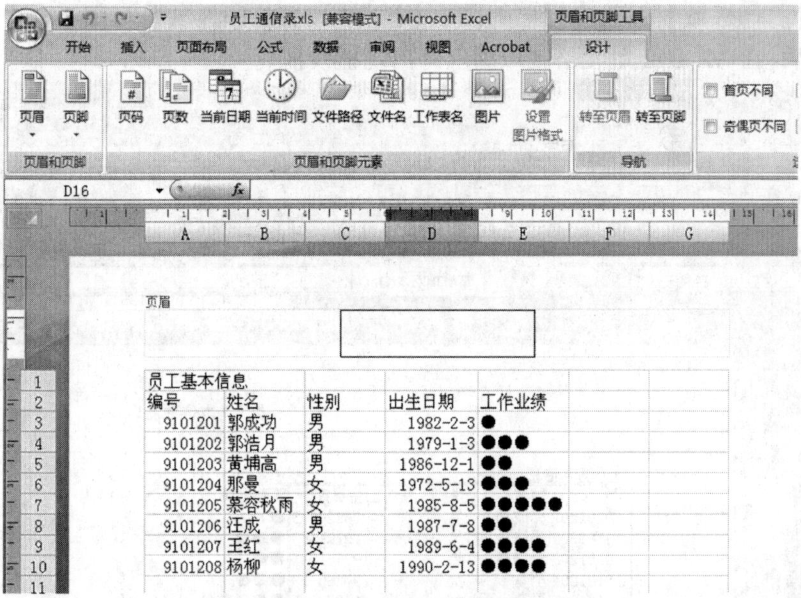

图 3-12　“页面布局”视图

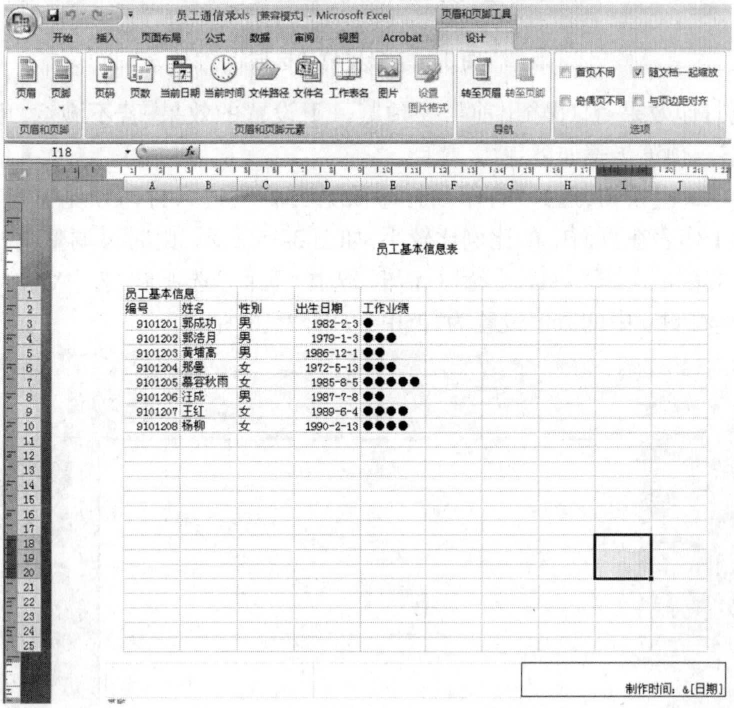

图 3-13　设置页眉和页脚

单击任一单元格，在“视图”选项卡的“工作簿视图”组中单击【普通】按钮，返回到 Excel 普通视图。

(4) 设置打印区域：若只需打印员工基本信息表中的部分内容，可设置打印区域。步骤如下：选择要打印的 A2:D10 单元格区域，然后单击“页面布局”选项卡，在“页面设置”

组中单击【打印区域】按钮,在弹出的菜单中选择“设置打印区域”,如图 3-14 所示。设置打印区域后,在 A2:D10 单元格区域周围将出现虚线框。

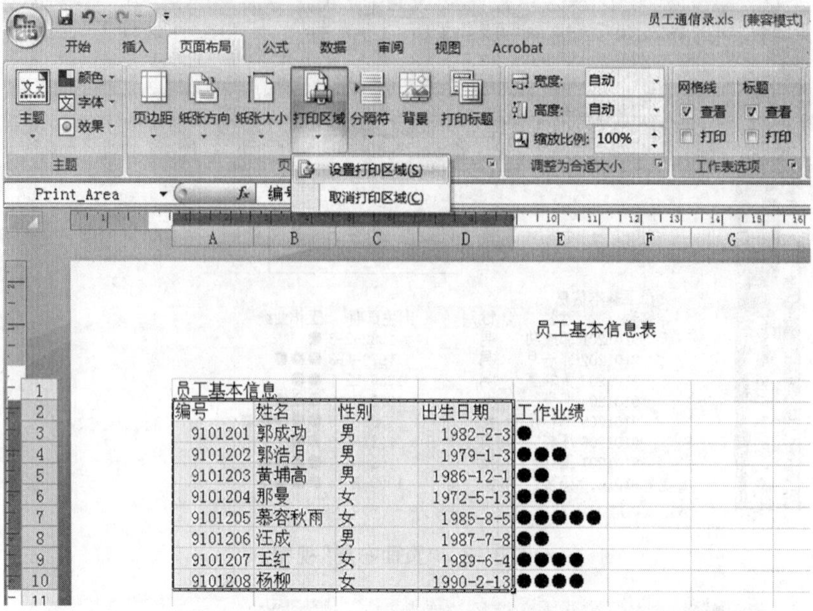

图 3-14 设置打印区域

(5)预览打印效果:打印输出前需要预览一下设置的效果,若不满意,可根据需要再适当进行调整。预览步骤如下:

①单击【Office】按钮,选择“打印→打印预览”命令,进入打印预览窗口,若不进行调整,可以看到工作表在页面中的比例比较小,如图 3-15 所示,此时可调整其打印比例。单击【页面设置】按钮,打开“页面设置”对话框,选择“页面”选项卡,选中“缩放”组中的“缩放比例”,将其右侧框中的数值设置为“250”,如图 3-16 所示。

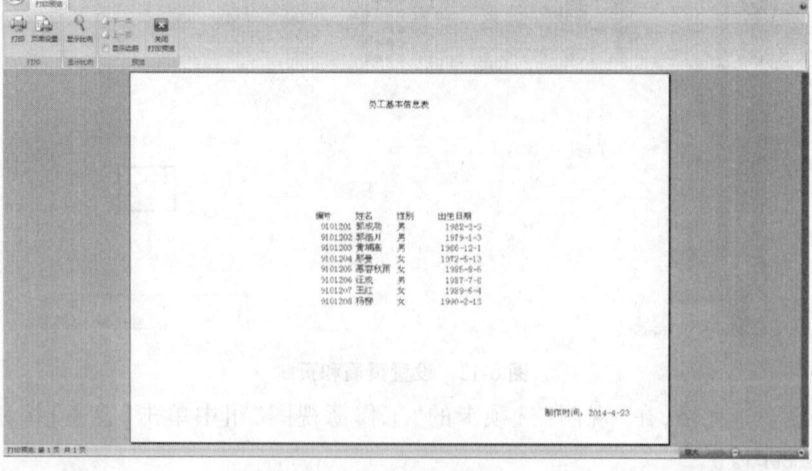

图 3-15 设置前效果

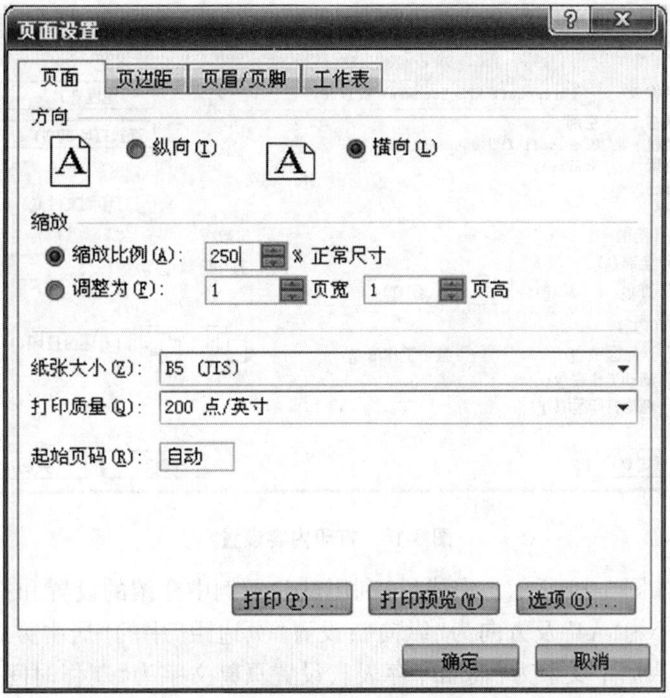

图 3-16 设置缩放比例

②单击【确定】按钮,返回打印预览窗口,可看到工作表的显示比例变大了,若觉得满意,可单击【打印】按钮,打开“打印内容”对话框,如图 3-17 所示。

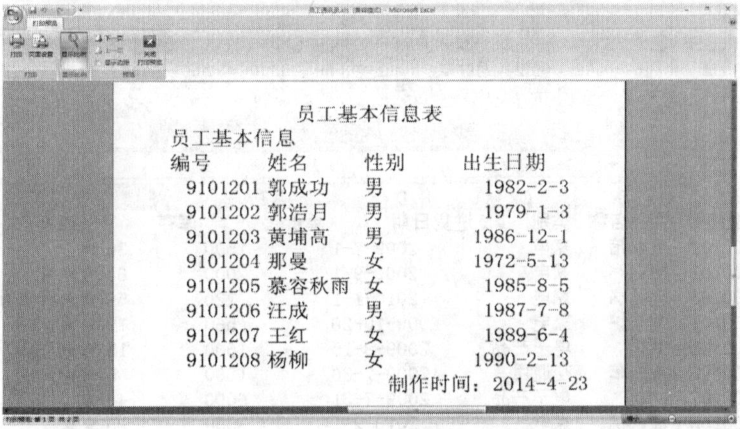

图 3-17 设置后效果

由于设置了打印区域,所以在“打印内容”组中需选中“选定区域”,如图 3-18 所示。确认无误后单击【确定】按钮,即可打印员工基本信息表。

三、操作内容

(1)按照试验示例中介绍的输入表格数据的方法,制作一个“商品库存表”,并在其中

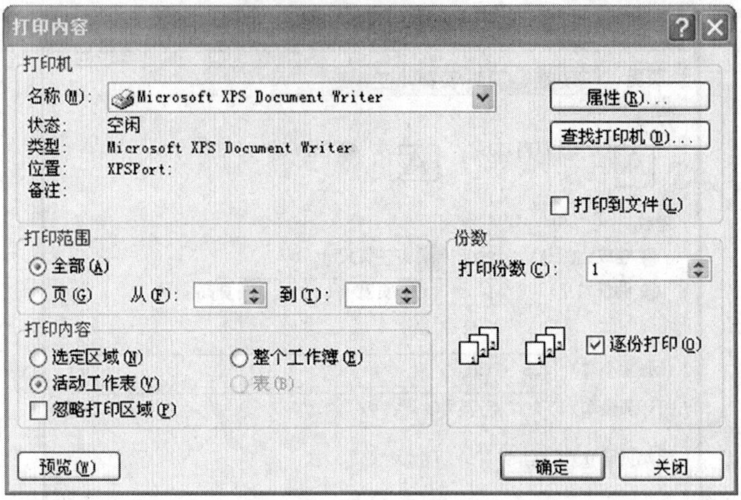

图 3-18　打印内容设置

输入数据,结果如图 3-19 所示。完成后,利用试验示例中介绍的设置和打印工作表的知识,设置纸张大小为“A4”及方向为“纵向”;设置“页边距”中的“居中方式”为“水平”和“垂直”;设置页眉居中文字为“商品库存表”,设置页脚文字为“制作时间:”,然后插入当前时间;设置打印区域为 A1:G12,然后预览设置的打印效果,适当调整工作表的缩放比例,然后打印输出。

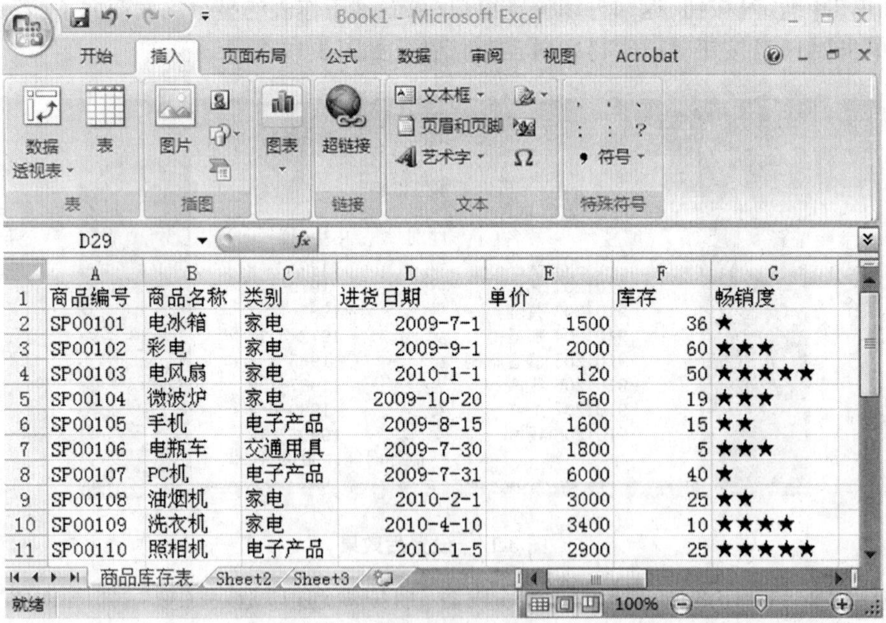

	A	B	C	D	E	F	G
1	商品编号	商品名称	类别	进货日期	单价	库存	畅销度
2	SP00101	电冰箱	家电	2009-7-1	1500	36	★
3	SP00102	彩电	家电	2009-9-1	2000	60	★★★
4	SP00103	电风扇	家电	2010-1-1	120	50	★★★★★
5	SP00104	微波炉	家电	2009-10-20	560	19	★★★
6	SP00105	手机	电子产品	2009-8-15	1600	15	★★
7	SP00106	电瓶车	交通用具	2009-7-30	1800	5	★★★
8	SP00107	PC机	电子产品	2009-7-31	6000	40	★
9	SP00108	油烟机	家电	2010-2-1	3000	25	★★
10	SP00109	洗衣机	家电	2010-4-10	3400	10	★★★★
11	SP00110	照相机	电子产品	2010-1-5	2900	25	★★★★★

图 3-19　商品库存表

(2)按照试验示例中介绍的输入表格数据的方法,制作一个“学生基本信息表”,并在其中输入数据,结果如图 3-20 所示。完成后,利用试验示例中介绍的设置和打印工作表的知识,设置纸张大小为“B5”及方向为“纵向”;设置“页边距”中的“居中方式”为“水

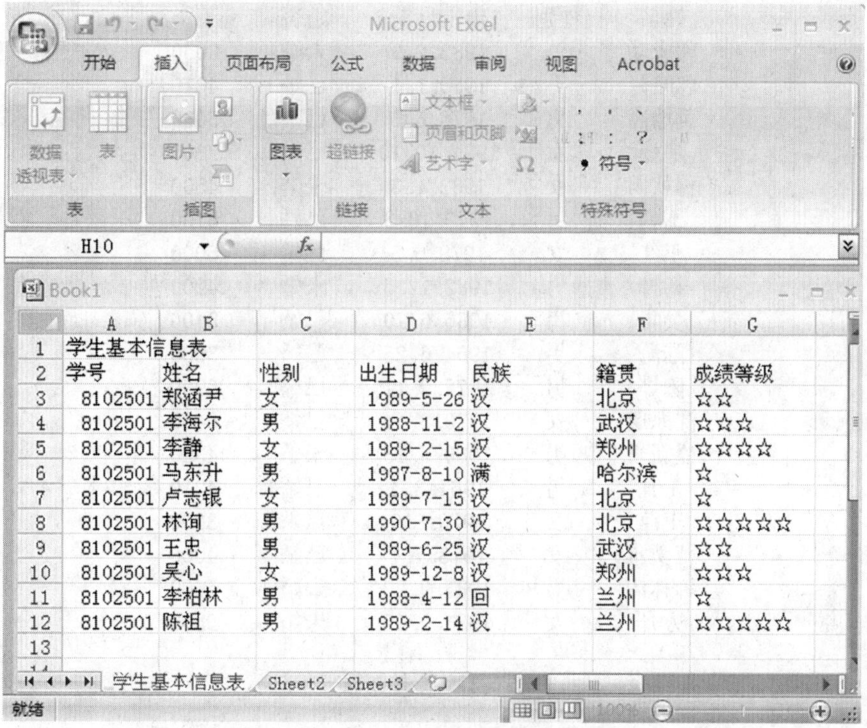

	A	B	C	D	E	F	G
1	学生基本信息表						
2	学号	姓名	性别	出生日期	民族	籍贯	成绩等级
3	8102501	郑涵尹	女	1989-5-26	汉	北京	☆☆
4	8102501	李海尔	男	1988-11-2	汉	武汉	☆☆☆
5	8102501	李静	女	1989-2-15	汉	郑州	☆☆☆☆
6	8102501	马东升	男	1987-8-10	满	哈尔滨	☆
7	8102501	卢志银	女	1989-7-15	汉	北京	☆
8	8102501	林询	男	1990-7-30	汉	北京	☆☆☆☆☆
9	8102501	王忠	男	1989-6-25	汉	武汉	☆☆
10	8102501	吴心	女	1989-12-8	汉	郑州	☆☆☆
11	8102501	李柏林	男	1988-4-12	回	兰州	☆
12	8102501	陈祖	男	1989-2-14	汉	兰州	☆☆☆☆☆
13							

图 3-20　学生基本信息表

平”和“垂直”;设置页眉居中文字为“学生基本信息表”,设置页脚文字为“制作时间:”,然后插入当前时间;设置打印区域为 A1:G12,然后预览设置的打印效果,适当调整工作表的缩放比例,然后打印输出。

任务二　管理、美化工作表

一、目的和要求

(1)掌握单元格格式设置的方法。

(2)掌握自定义数字格式的方法。

(3)掌握条件格式和数据有效性设置的方法。

(4)掌握冻结窗格的方法。

二、示例

以制作“员工档案表”的工作表为例。原始数据如图 3-21 所示。

(1)制作“员工档案表”。完成效果如图 3-22 所示。

(2)通过设置数据的有效性,快速输入“性别”“婚否”两列的数据。

①选择要设置数据有效性的 C3:C20 单元格区域,然后选择“数据”选项卡中的“数据有效性”命令,打开“数据有效性”对话框。

姓名	性别	出生日期	婚否	工资
郭成功	男	1982.2.3	未婚	2050
郭皓月	男	1983.1.1	已婚	4010
黄埔高	男	1976.5.3	已婚	5000
那曼	女	1981.10.10	已婚	2300
穆秋雨	女	1982.1.3	未婚	4500
王朝	男	1979.10.3	已婚	6100
王红	女	1978.6.5	已婚	6000
杨柳	男	1982.12.5	未婚	4200
吴华	男	1986.6.20	已婚	3400
陆海	男	1964.6.25	已婚	3900
陈烨	男	1972.9.11	已婚	6900
沈海璐	女	1970.3.14	已婚	5400
盛新平	男	1980.8.13	未婚	4320
王凡	男	1964.3.4	已婚	4210
王萍	女	1970.8.9	已婚	3200
范文雅	女	1973.7.7	已婚	4000
钟林涛	男	1981.9.22	未婚	5600
方舟	女	1981.9.12	未婚	2500

图 3-21　原始数据

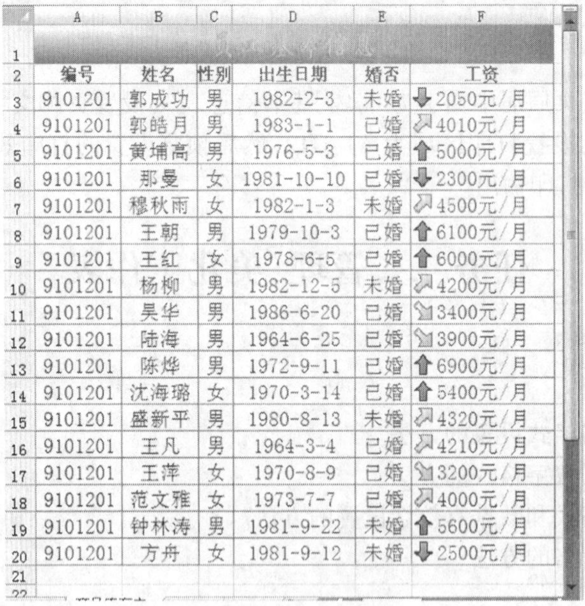

编号	姓名	性别	出生日期	婚否	工资
9101201	郭成功	男	1982-2-3	未婚	2050元/月
9101201	郭皓月	男	1983-1-1	已婚	4010元/月
9101201	黄埔高	男	1976-5-3	已婚	5000元/月
9101201	那曼	女	1981-10-10	已婚	2300元/月
9101201	穆秋雨	女	1982-1-3	未婚	4500元/月
9101201	王朝	男	1979-10-3	已婚	6100元/月
9101201	王红	女	1978-6-5	已婚	6000元/月
9101201	杨柳	男	1982-12-5	未婚	4200元/月
9101201	吴华	男	1986-6-20	已婚	3400元/月
9101201	陆海	男	1964-6-25	已婚	3900元/月
9101201	陈烨	男	1972-9-11	已婚	6900元/月
9101201	沈海璐	女	1970-3-14	已婚	5400元/月
9101201	盛新平	男	1980-8-13	未婚	4320元/月
9101201	王凡	男	1964-3-4	已婚	4210元/月
9101201	王萍	女	1970-8-9	已婚	3200元/月
9101201	范文雅	女	1973-7-7	已婚	4000元/月
9101201	钟林涛	男	1981-9-22	未婚	5600元/月
9101201	方舟	女	1981-9-12	未婚	2500元/月

图 3-22　完成效果

②在“设置”选项卡中选择“有效性条件”为“序列”。然后在“来源”文本框中输入“男,女”,如图 3-23 所示。

③单击【确定】按钮,关闭对话框。可看到在选中的单元格区域中,每个单元格右侧有一个下拉箭头,单击单元格右侧的下拉箭头,可以从弹出的下拉列表中选择指定的

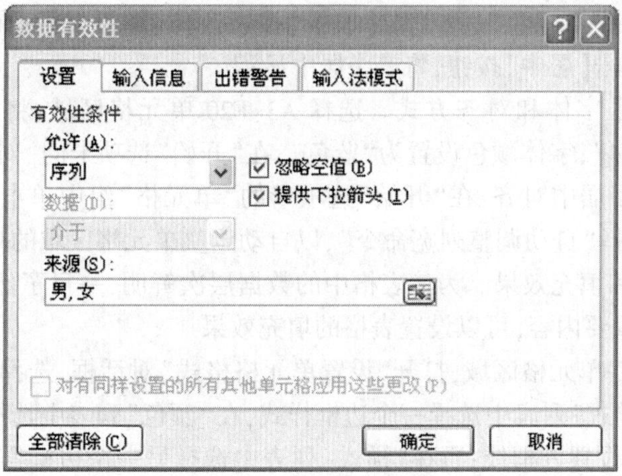

图 3-23　数据有效性设置

数据。

④"婚否"一列的数据也以类似的方法输入。

(3)在"工资"列中使用自定义数字格式。选中 F3:F20 单元格区域,单击右键,在弹出的快捷菜单中选择"设置单元格格式",出现"设置单元格格式"对话框;选择"数字"选项卡,在"分类"栏中选择"自定义"项,在"类型"栏中输入"0'元/月'",如图 3-24 所示。单击【确定】按钮后,在 F3:F20 单元格区域中仅输入数值就可以了。

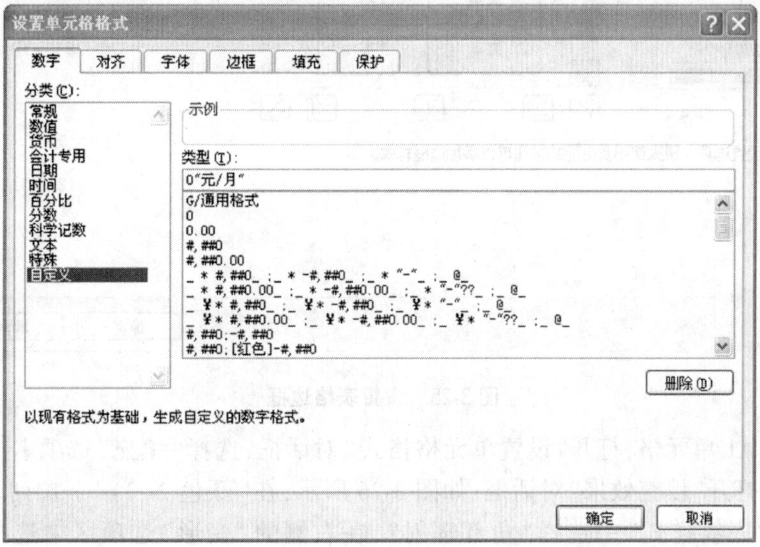

图 3-24　自定义数字格式

(4)设置表标题格式。选中 A1:F1 单元格区域,在"开始"选项卡的"对齐方式"组中单击【合并后居中】按钮,将标题合并并居中;在"开始"选项卡的"字体"组中单击【字体】按钮右侧的下拉箭头,从中选择"华文行楷",在"字号"中选择"22",单击"字体颜色"的下拉箭头,在下拉列表中选择"黄色"。

(5)设置表头格式。选择 A2:F2 单元格区域,将其字体设置为"黑体",字号设置为

"14",字体颜色设置为"绿色",并单击【加粗】按钮,将其加粗显示;在"开始"选项卡的"对齐方式"组中单击【居中】按钮,将表头居中显示。

(6)设置数据区字体和对齐方式。选择 A3:F20 单元格区域,将其字体设置为"楷体",字号设置为"14",字体颜色设置为"蓝色";在"开始"选项卡的"对齐方式"组中单击【居中】按钮,将文字居中对齐;在"开始"选项卡的"单元格"组中单击【格式】按钮,在弹出的下拉列表中选择"自动调整列宽命令",以自动调整单元格区域的列宽。

(7)设置边框和填充效果。为使表格中的数据层次鲜明,一目了然,可以为表格设置边框,为突出显示重要内容,可以设置表格的填充效果。

①选择 A2:F20 单元格区域,打开"设置单元格格式"对话框,选择"边框"选项卡,如图 3-25 所示,在"样式"列表中选择一个边框样式,在"颜色"列表中选择"浅蓝";单击【外边框】按钮,为表格设置外框线;再在"样式"列表中选择另一个边框样式,在"颜色"下拉列表中选择"浅绿";单击【内部】按钮,为表格设置内框线。

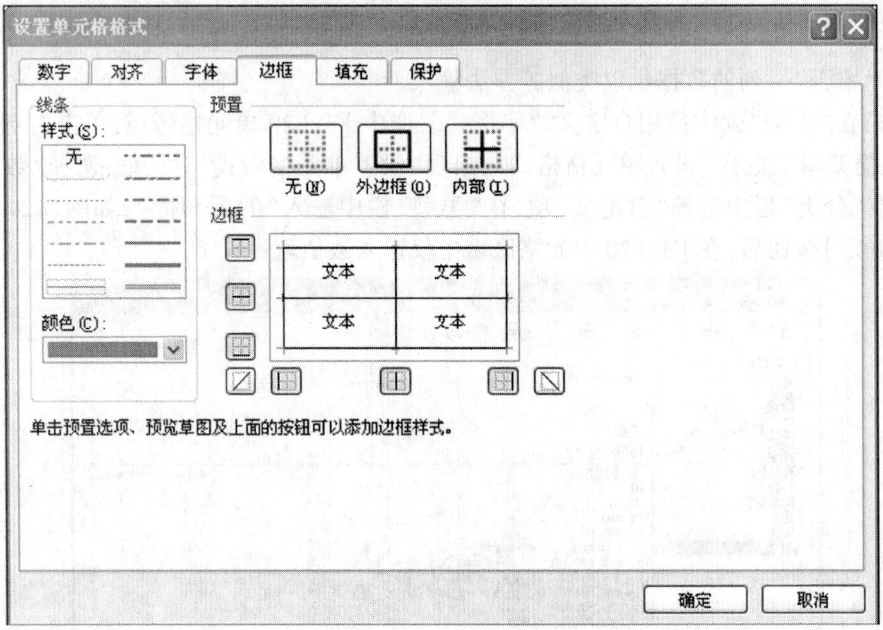

图 3-25 设置表格边框

②单击 A1 单元格,打开"设置单元格格式"对话框,选择"填充"选项卡,单击【填充效果】按钮,打开"填充效果"对话框,如图 3-26 所示,在"颜色 2(2)"下拉列表框中选择"蓝色",在"底纹样式"中选择"角部辐射",在右侧的"变形"选项区中选择一个变形效果。

(8)设置条件格式:

①选择 F3:F20 单元格区域,在"开始"选项卡的"样式"组中单击【条件格式】按钮,然后选择"新建规则",将显示"新建格式规则"对话框。

②在"格式样式"列表框中选择"图标集",在"图标样式"列表框中选择"四向箭头(彩色)"。

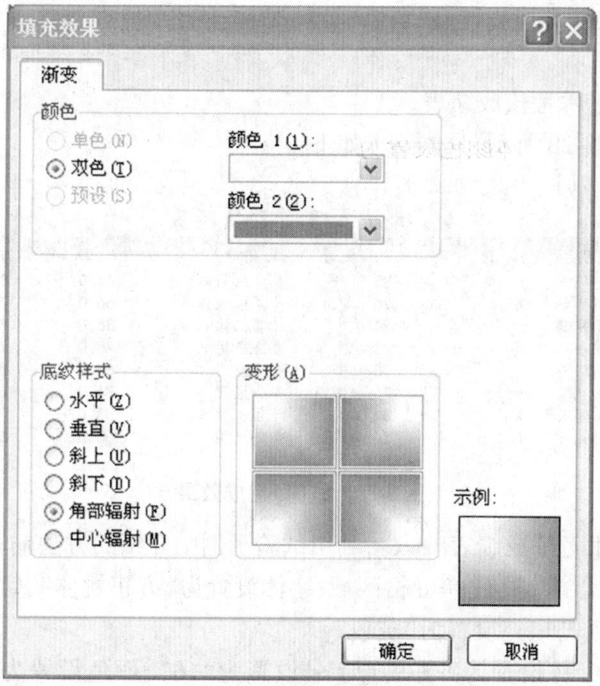

图 3-26　设置填充效果

③调整比较运算符、阈值和类型。工资大于或等于 5 000 的，以标志；工资大于或等于 4 000 且小于 5 000 的，以标志；工资大于或等于 3 000 且小于 4 000 的，以标志；工资小于 3 000 的，以标志。设置如图 3-27 所示。

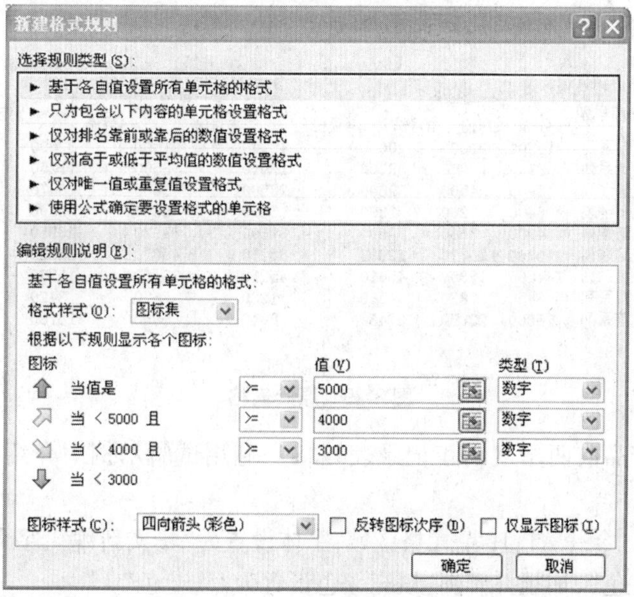

图 3-27　调整阈值和类型

三、操作内容

(1)制作职业技术考核成绩表。

完成效果如图 3-28 所示,具体要求如下:

编号	姓名	性别	年龄	职业	工种	实验成绩	考试成绩	总评
职业技术考核成绩表								
091001	赵芳	女	23	秘书	办公应用	65.0	80.0	! 74
091002	刘品华	男	26	工人	计算机操作员	66.0	76.5	! 72.3
091003	于晓娟	女	24	学生	计算机操作员	86.0	89.0	√87.8
091004	陈永林	男	23	学生	办公应用	75.0	73.0	! 73.8
091005	高海英	女	28	秘书	办公应用	87.0	88.0	√87.6
091006	王兰华	女	25	秘书	办公应用	76.0	60.0	×66.4
091007	吴海天	男	31	工人	计算机操作员	83.0	78.5	√80.3
091008	吴正坤	男	26	工人	办公应用	68.0	65.0	×66.2

图 3-28　题(1)完成效果

制作“职业技术考核成绩表.xlsx”,利用试验示例中介绍的方法输入相关数据。

①标题设置。合并 A1:I1 单元格区域;字体设置为“方正姚体”,字号设置为“18”,字体颜色设置为“绿色”,填充设置为“黄色”。

②表头设置。字体设置为“隶书”,字号设置为“16”,颜色设置为“红色”,填充设置为“浅蓝色水平渐变”。

③“编号”列中的文字设置为“紫色”,倾斜、加粗。其他列文字字体设置为“楷体”。

④数字要求保留一位小数。

⑤为 A2:I10 单元格区域添加紫色双线外边框、浅绿色单线边框。

(2)制作电子产品前两季度销售记录表。

原始表格如图 3-29 所示,具体要求如下:

电子产品前两季度销售记录表									
产品名称	产品类别	第一季度			第二季度			总销售	百分率
		1月份	2月份	3月份	4月份	5月份	6月份		
显卡	电脑系列	15200	21000	20000	45900	61000	32000		
触屏电话	电话系列	8700	12000	32100	12010	6500	11250		
打印机	电脑系列	15900	24500	32600	23500	9600	6970		
电子时钟	电子钟表	6400	3200	1290	3290	5630	2890		
硬盘	电脑系列	4000	3560	4690	39600	88910	23950		
内存	电脑系列	45740	30790	12690	33210	45010	34650		
手机	手机系列	34560	12350	45610	45210	23460	11230		
蓝牙耳机	手机系列	3450	7620	4560	1230	5670	3420		
光驱	电脑系列	15800	23890	37430	9640	9850	15780		

图 3-29　原始表格

制作“电子产品前两季度销售记录表.xlsx”,利用试验示例中介绍的方法输入相关数据。

①标题设置。合并 A1:J1 单元格区域;字体设置为“华文新魏”,字号设置为“20”,字体颜色设置为“红色”,加粗并倾斜,填充颜色设置为“浅蓝色”。

②表头设置。将表头的单元格进行合并,字体设置为“黑体”,字号设置为“14”,颜色设置为“蓝色”,填充设置为“黄色垂直渐变”。

③将 C4:H12 单元格区域中的文字设置为倾斜,将数字格式设置为货币格式,并带有千位分隔符;在 J4:J12 区域中,将数字格式设置为百分比,保留 1 位小数。

④设置总销售量大于 130 000 的条件格式,要求符合条件的数据填充颜色是浅绿色,并以紫色数据条显示各产品的销售百分率。

⑤为 A2:J12 单元格区域添加红色双线外边框、深蓝色单线内框线。

任务三　数据的筛选、排序及分类汇总

一、目的及要求

(1)掌握数据筛选(自动筛选、自定义筛选、高级筛选)的方法。

(2)掌握数据排序的方法。

(3)了解数据的分类汇总及分级显示。

二、示例

以"CPU 报价表. xlsx"为例,原始数据如图 3-30 所示。要求:先筛选出价格在 600~800 元且品牌为 AMD 的 CPU,并把筛选结果复制到从单元格 A21 开始的区域中,然后按价格从低至高排序;将工作表中的记录按 CPU 品牌进行分类汇总,计算价格的平均值。

	A	B	C	D
1	CPU报价表			
2	品牌	型号	价格	报价日期
3	Intel	celeron D 320	497元	2012-9-7
4	Intel	celeron D 341	520元	2012-9-7
5	Intel	Core E6300	1400元	2012-9-18
6	Intel	celeron D 3.06G	565元	2012-9-18
7	Intel	P4-3.06GE	705元	2012-9-18
8	Intel	PD-3.4G	1290元	2012-9-18
9	Intel	PD-2.66G	718元	2012-9-18
10	AMD	速龙2 双核3800+	1217元	2012-9-18
11	AMD	速龙2 3200+	688元	2012-9-18
12	AMD	速龙2 3200+	597元	2012-9-18
13	AMD	闪龙2 2801+	347元	2012-9-18
14	AMD	闪龙2 3000+	720元	2012-9-18
15	AMD	闪龙2 2500+	270元	2012-9-18

图 3-30　原始数据(一)

(一)对数据进行高级筛选

设置条件区域;要求筛选出价格在 600~800 元并且品牌为 AMD 的 CPU,所以条件区域的设置应如图 3-31 所示。

选中任意单元格,选择"数据"选项卡下的"高级"命令,打开"高级筛选"对话框,选中"将筛选结果复制到其他位置"。另外,在"列表区域"指定要进行筛选的数据区域,在"条件区域"指定要进行筛选的条件区域,在"复制到"指定筛选结果位置,如图 3-32 所示;单击【确定】按钮,即可将筛选结果复制到从单元格 A21 开始的区域中。

18	价格	价格	品牌
19	>=600	<=800	AMD

图 3-31 条件区域设置

图 3-32 高级筛选设置

(二)对筛选结果进行排序

选中筛选结果的单元格区域,单击“数据”选项卡的【排序】按钮,弹出“排序”对话框;单击“主要关键字”下拉列表框的下拉按钮,在下拉列表中可以选择“价格”,再选择右侧的“升序”;然后单击【确定】按钮,完成按价格从低至高排序。

(三)对源数据进行分类汇总

按 CPU 品牌进行分类汇总,在分类汇总前应先将源数据按汇总字段进行排序,即应先按“品牌”排序。

(1)选中 A2:E15 单元格区域,单击“数据”选项卡的【排序】按钮,弹出“排序”对话框;单击“主要关键字”下拉列表框的下拉按钮,从中选择“品牌”,再选择右侧的“升序”:然后单击【确定】按钮,完成设置。

(2)选择需要进行分类汇总的数据区域 A2:E15,单击“数据”选项卡的【分类汇总】按钮,在弹出的“分类汇总”对话框中设置“分类字段”“汇总方式”“选定汇总项”等参数,如图 3-33 所示;单击【确定】按钮,得到最后的分类汇总结果。

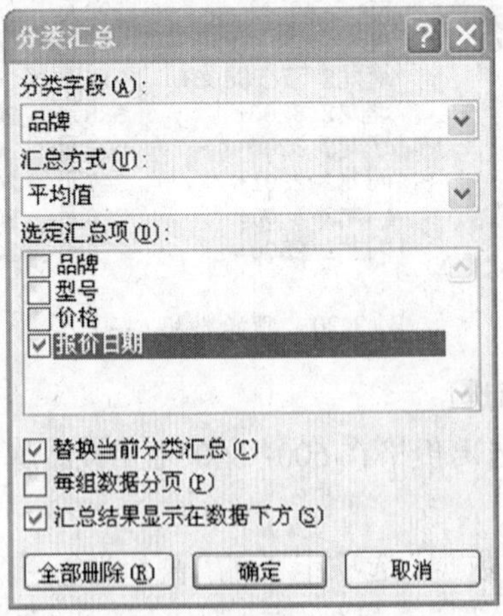

图 3-33 分类汇总设置

任务四 公式与函数

一、目的及要求

掌握使用公式与函数计算表格数据。

二、示例

以年度考核表为例,原始数据如图 3-34 所示。要求:在“年度考核总分”列计算出考核总分;在“是否表彰”列计算出是否表彰,若年度考核总分大于或等于 390,那么值为“是”,否则为“否”;在“排名”列中计算考核总分的排名;计算各季度考核平均分;计算半年考核平均分;在单元格 G12 中计算年度考核总分最高分。

	A	B	C	D	E	F	G	H	I
1	年度考核表								
2	编号	分公司地址	第一季度	第二季度	第三季度	第四季度	年度考核总分	是否表彰	排名
3	1	北京	98	96	98	97			
4	2	哈尔滨	98	98	97	96			
5	3	广州	100	97	98	99			
6	4	南昌	87	95	96	96			
7	5	武汉	95	96	98	96			
8	6	上海	96	96	96	94			
9	7	大连	99	98	97	98			
10	季度考核平均分								
11	半年考核平均分								
12	年度考核总分最高分								

图 3-34 原始数据(二)

(一)在“年度考核总分”列计算出考核总分

(1)单击 G3 单元格,再单击【插入函数】按钮 fx,打开“插入函数”对话框;选择 SUM 函数,单击【确定】按钮,弹出“输入参数”对话框;选定 C3:F3 单元格区域,单击“输入参数”对话框中的【确定】按钮。

(2)选择 G3 单元格,将光标移至 G3 单元格的右下方,当其变为“+”形状时,按住鼠标左键并向下拖动至 G9 单元格。

(二)在“是否表彰”列计算出是否表彰

(1)单击 H3 单元格,单击【插入函数】按钮 fx,打开“插入函数”对话框;选择 IF 函数,单击【确定】按钮,弹出“输入参数”对话框,设置如图 3-35 所示;单击【确定】按钮。

(2)选择 H3 单元格,将光标移至 H3 单元格的右下方,当其变成“+”形状时,按住鼠标左键并向下拖至 H9 单元格。

(三)在“排名”列中计算考核总分的排名

(1)单击 I3 单元格,在编辑栏中输入公式“=RANK(G3,$G$3:$G$9)”,按 Enter 键。

(2)单击 I3 单元格,将光标转移至 I3 单元格右下方,当其变成“+”形状时,按住鼠标左键并向下拖至 I9 单元格。

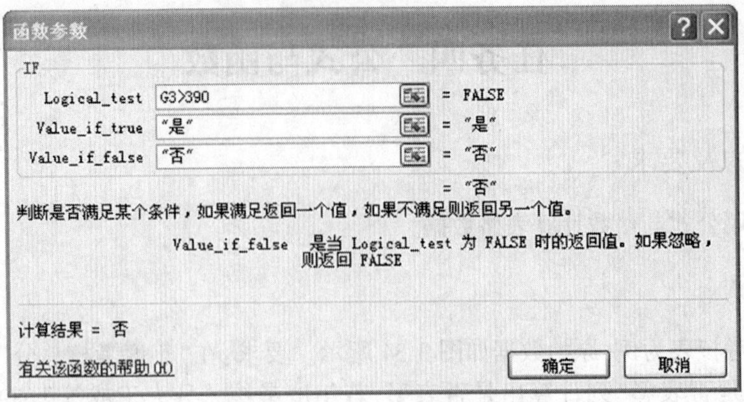

图 3-35 IF 函数参数设置

RANK 函数用于返回一个数字在数字列表中的排位,语法为"RANK(number,ref,order)"。其中,number 为需要找到排位的数字;ref 为数字列表数组或对数字列表的引用(ref 中的非数值型参数将被忽略);order 为一数字,指明排位的方式,如果 order 为 0 或省略,Microsoft Excel 对数字的排位是基于 ref 按照降序排列的列表,如果 order 不为 0,则对数字的排位是基于 ref 按照升序排列的列表。

(四)计算各季度考核平均分

(1)单击 C10 单元格,在编辑栏中输入公式"AVERANGE(C3:C9)",按 Enter 键。

(2)单击 C10 单元格,将光标转移至 C10 单元格右下方,当其变成"+"形状时,按住鼠标左键并向右拖至 F10 单元格。

(五)计算半年考核平均分

(1)单击 C11 单元格,在编辑栏中输入公式"=AVERAGE(C3+D3,C4+D4,C5+D5,C6+D6,C7+D7,C8+D8,C9+D9)",按 Enter 键。

(2)选择 C11 单元格,将光标移至 C11 单元格的右下方,当其变为"+"形状时,按住鼠标左键并向右拖动至 E11 单元格。

(六)在单元格 G12 中计算年度考核总分最高分

单击 G12 单元格,在编辑栏中输入公式"=MAX(G3:G9)",按 Enter 键。

任务五 图 表

一、目的及要求

掌握 Excel 的图表功能。

二、示例

以"2013 年日用品月销售情况报表"为例,原始数据如图 3-36 所示。要求根据"2013 年日用品月销售情况报表"中的洗发水和沐浴露月销售量、月销售额创建一个图表。

	A	B	C	D	E	F	G	H	I	J
1	2013年日用品月销售情况报表									
2	月份	洗发水销售量	洗发水销售额	沐浴露销售量	沐浴露销售额	洁面乳销售量	洁面乳销售额	香皂销售量	香皂销售额	月销售总额
3	1月	280	¥12,600	512	¥16,384	421	¥15,998	480	¥3,360	¥48,342
4	2月	320	¥14,400	480	¥15,360	410	¥15,580	420	¥3,360	¥48,700
5	3月	300	¥12,600	465	¥14,880	429	¥19,305	406	¥3,248	¥50,033
6	4月	308	¥13,244	479	¥16,765	380	¥18,620	481	¥2,886	¥51,515
7	5月	320	¥13,440	502	¥19,076	394	¥19,306	460	¥2,300	¥54,122
8	6月	270	¥11,880	488	¥18,544	390	¥19,110	472	¥2,832	¥52,366
9	7月	328	¥15,088	456	¥19,152	410	¥21,320	465	¥2,325	¥57,885
10	8月	340	¥15,640	460	¥17,940	430	¥21,500	430	¥2,150	¥57,230
11	9月	385	¥16,555	438	¥16,644	425	¥21,250	400	¥2,400	¥56,849
12	10月	320	¥13,760	392	¥16,464	402	¥19,296	421	¥2,105	¥51,625
13	11月	360	¥16,200	462	¥20,790	379	¥18,192	438	¥2,190	¥57,372
14	12月	380	¥16,720	480	¥21,600	385	¥19,250	402	¥2,412	¥59,982

图 3-36　原始数据(三)

(一)创建图表

(1)选择 A2:E14 单元格区域,在“插入”选项卡的“图表”组中单击【折线图】按钮,从弹出的下拉列表中选择“折线图”,即可在当前工作表中创建与选择单元格区域相对应的图表,如图 3-37 所示。

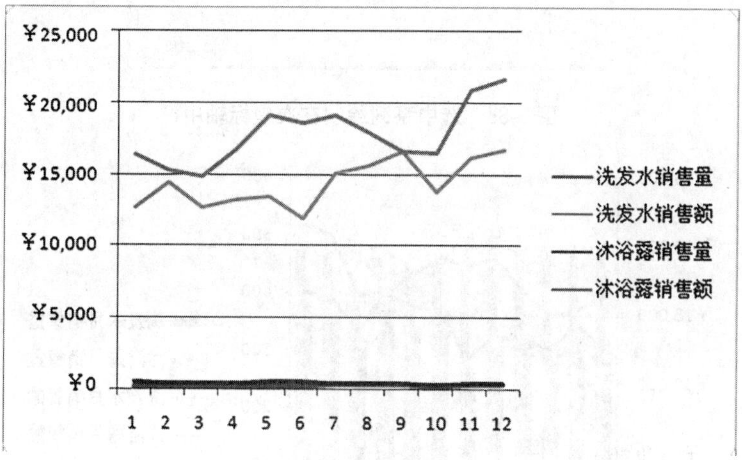

图 3-37　最初图表

(2)右键单击“洗发水月销售额”数据列,在弹出的快捷菜单中选择“更改系列图表类型”命令,打开“更改图表类型”对话框,在右侧选择“簇状柱形图”,单击【确定】按钮返回,已将图表中的“洗发水月销售额”数据系列的图表类型更改为“簇状柱形图”;再右键单击“洗发水月销售额”数据系列,在弹出的快捷菜单中选择“设置数据系列格式”,打开“设置数据系列格式”对话框;在“系列选项”项中,选中系列绘制在“次坐标轴”中,如图 3-38 所示;单击【关闭】按钮。

(3)以与(2)同样的方式设置“沐浴露月销售额”数据列。完成效果如图 3-39 所示。

(二)设置图表布局

(1)选择整个图表,在“布局”选项卡的“标签”组中单击【图表标题】按钮,然后选择“图表上方”命令,在图表中添加图表标题,将标题内容修改为“月销售情况分析”。

(2)在“布局”选项卡的“标签”组中单击【坐标轴标题】按钮,选择“主要纵坐标轴标题→竖排标题”,在图表中添加主要纵坐标轴标题,将标题内容修改为“产品销售量”。

(3)用类似的方式添加次要纵坐标轴标题“产品销售额”及主要横坐标轴标题“月

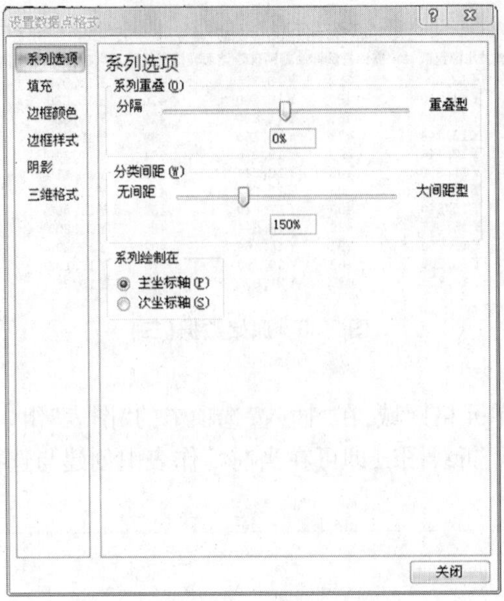

图 3-38 选中系列绘制在次坐标轴中

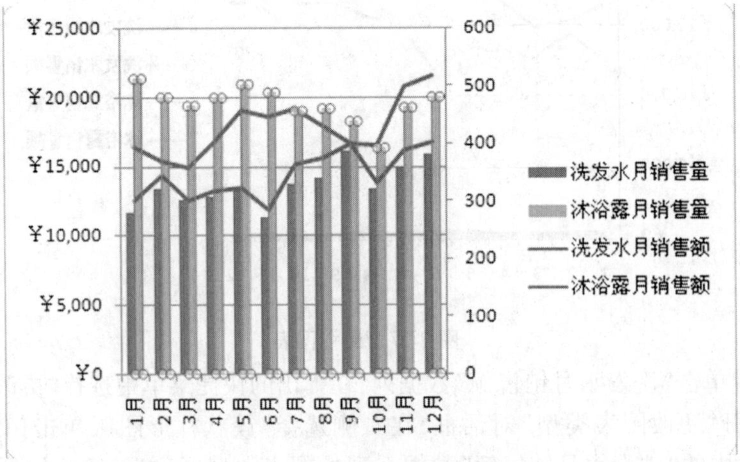

图 3-39 创建图表完成

份”。完成后如图 3-40 所示。

(三)美化图表

(1)单击图表区，在“格式”选项卡的“形状样式”组中单击【其他】按钮，在其下拉列表中选择“细微效果-强调颜色 6”选项，设置图表区的外观。

(2)单击图表标题，在“格式”选项卡的“形状样式”组中单击【其他】按钮，在其下拉列表中选择“强烈效果-强调颜色 2”选项，设置图表标题的外观。

(3)单击主要纵坐标轴标题，在“格式”选项卡的“形状样式”组中单击【形状填充】按钮，在其下拉列表中选择“纹理→水滴”，设置主要纵坐标轴标题外观。以相似的方式设置次要纵坐标轴标题外观。

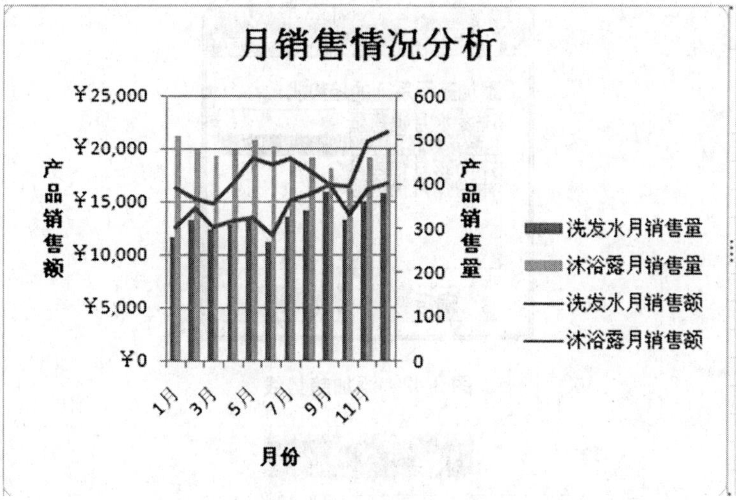

图 3-40　设置图表完成

(4)选择图例,在“格式”选项卡的“形状样式”组中单击【其他】按钮,在其下拉列表中选择“细微效果-强调颜色 1”,设置图例的外观。

(5)选择水平坐标轴标题,在“格式”选项卡的“艺术字样式”组中单击【其他】按钮,在其下拉列表中选择“渐变填充-强调文字颜色 4,映象”,设置水平坐标轴的外观。完成效果如图 3-41 所示。

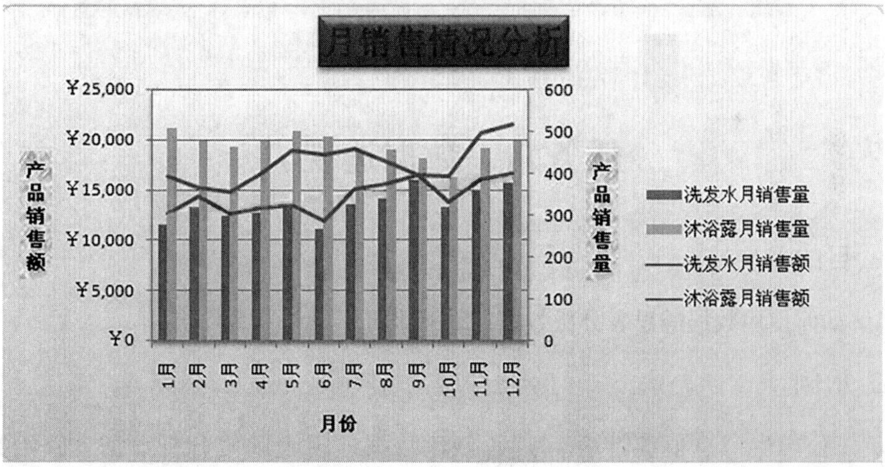

图 3-41　美化图表

(四)添加线性趋势线

在“布局”选项卡的“分析”组中单击【趋势线】按钮,选择“线性趋势线”命令,打开“添加趋势线”对话框;选择“洗发水月销售额”项,如图 3-42 所示,单击【确定】按钮,即可为图表中的“洗发水月销售额”系列添加趋势线。完成效果如图 3-43 所示。

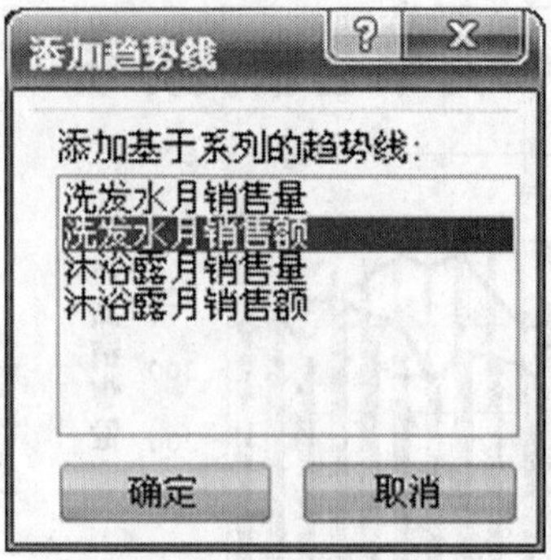

图 3-42　添加趋势线

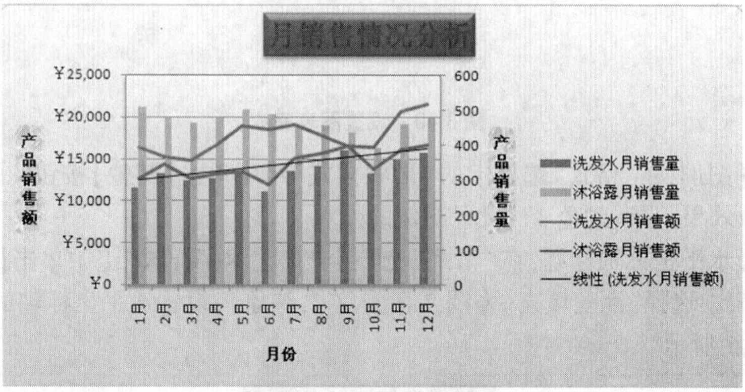

图 3-43　示例最终图表

任务六　数据透视表

一、目的及要求

了解如何使用数据透视表分析数据。

二、示例

以"三公司生产总值统计表"为例,创建数据透视表以便分析数据。原始数据如图 3-44 所示。

(1)单击数据清单中任一单元格,选择"插入"选项卡的"数据透视表",弹出"创建数据透视表"对话框;在"请选择要分析的数据"组中选中"选择一个表或区域"单选按钮,然后单击 按钮;选择 A2:D25 单元格区域,在"选择放置数据透视表的位置"选项区域中选中"新工作表"单选按钮,如图 3-45 所示;单击【确定】按钮,在新工作表中插入数据透视表,并将新工作表命名为"数据透视表"。

(2)在"数据透视表字段列表"任务窗格的"选择要添加到报表的字段"列表中,将"公司"字段拖动到"行标签"处,将"季度"和"月份"字段拖动到"列标签"处,将"产值"

	A	B	C	D
1	三公司生产总值统计表			
2	公司	季度	月份	产值
3	A公司	1季度	1月	681.9
4	A公司	1季度	2月	567.6
5	A公司	1季度	3月	689
6	A公司	2季度	4月	687.1
7	A公司	2季度	5月	759.6
8	A公司	2季度	6月	793
9	A公司	3季度	7月	776.2
10	A公司	3季度	8月	783
11	A公司	3季度	9月	749.3
12	A公司	4季度	10月	782.5
13	A公司	4季度	11月	768
14	A公司	4季度	12月	796.3
15	B公司	1季度	1月	586
16	B公司	1季度	2月	605.3
17	B公司	1季度	3月	638.1
18	B公司	2季度	4月	713.2
19	B公司	2季度	5月	721.3
20	B公司	2季度	6月	780.6
21	B公司	3季度	7月	757
22	B公司	3季度	8月	772.1
23	B公司	3季度	9月	700.6
24	B公司	4季度	10月	710.4
25	B公司	4季度	11月	741.3

图 3-44　原始数据(四)

字段拖动到"∑数值"处,如图 3-46 所示。此时数据透视表如图 3-47 所示。

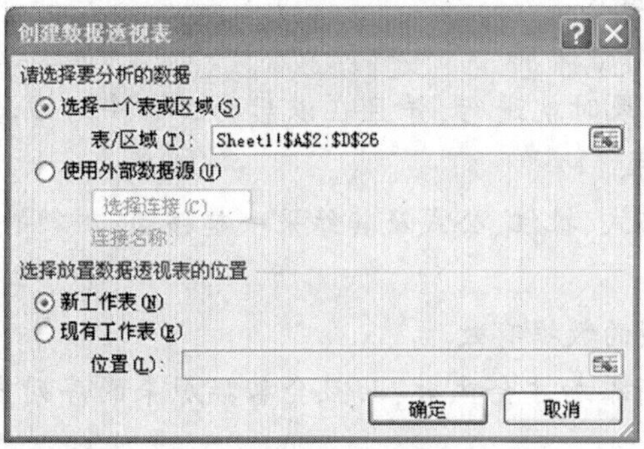

图 3-45　"创建数据透视表"对话框

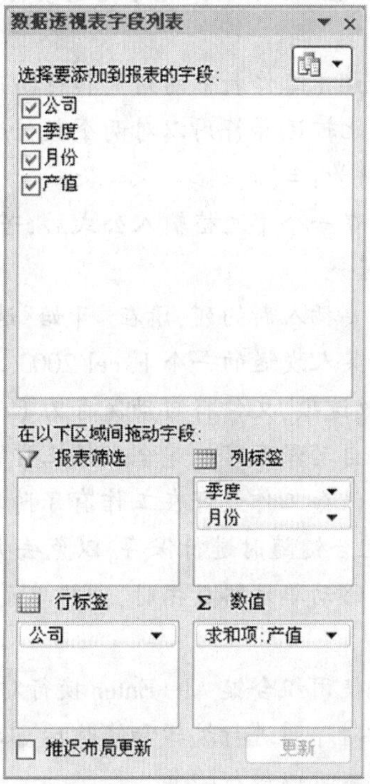

图 3-46　设置数据透视表中的字段列表

	A	B	C	D	E	F	G	H	I	J	K	L	M	N	O	P	Q	R
1																		
2																		
3	求和项:产值	列标签																
4		⊟1季度			1季度 汇总	⊟2季度			2季度 汇总	⊟3季度			3季度 汇总	⊟4季度			4季度 汇总	总计
5	行标签	一月	二月	三月		四月	五月	六月		七月	八月	九月		十月	十一月	十二月		
6	A公司	681.9	567.6	689	1938.5	687.1	759.6	793	2239.7	776.2	783	749.3	2308.5	782.5	768	796.3	2346.8	8833.5
7	B公司	586	605.3	638.1	1829.4	713.2	721.3	780.6	2215.1	757	772.1	700.6	2229.7	710.4	741.3	689.5	2141.2	8415.4
8	总计	1267.9	1172.9	1327	3767.9	1400.3	1481	1574	4454.8	1533.2	1555.1	1449.9	4538.2	1492.9	1509.3	1485.8	4488	17248.9

图 3-47　创建的数据透视表

实训题

一、判断题

1. Excel 模板文件扩展名为. xltx。 (　　)

2. 在保存 Excel 工作簿的操作过程中,默认的工作簿文件名是 Book1。 (　　)

3. 创建工作簿时,Excel 将自动以 Book1,Book2,Book3…的顺序给新的工作簿命名。 (　　)

4. 一般情况下,字符型数据默认的显示格式为右对齐。 (　　)

5. 退出 Excel 可使用 Alt+F4 组合键。 (　　)

6. 在某个单元格中输入公式"=SUM($A$1:$A$10)"或"=SUM(A1:A10)",最后计算出的值是一样的。 (　　)

7. 在 Excel 中,工作表名默认是 Sheetl,Sheet2…,用户可以重新命名。 (　　)

8. 在 Excel 中不仅能选定连续的单元格区域,还能选定不连续的单元格区域。 (　　)

9. Excel 工作表中的列宽和行高是固定不变的,不可以进行调整。 (　　)

10. 比较运算符用以对两个数值进行比较,产生的结果为逻辑值 TRUE 或 FALSE。比较运算符为:=、>、<、>=、<=、<>。 (　　)

11. 在一个单元格输入公式后,若相邻的单元格中需要进行同类型计算,可利用公式的自动填充。 (　　)

12. 要插入新的列,请在"开始"选项卡的"编辑"组下操作。 (　　)

13. 某人发送的一个 Excel 2003 文件,你在 Excel 2007 中打开了该文件,当处理后,如果不更改选项,文件将自动保存为 Excel 2007 格式。 (　　)

14. 自动保存可以完全代替正常的保存操作。 (　　)

15. 保存工作最好在工作有了阶段性的结果时就进行,并且在以后的工作中可以按 Ctrl+S 组合键随时进行保存,以免丢失工作结果。 (　　)

16. 移动单元格数据时,会将单元格中的格式、批注、公式及其结果一起移动。 (　　)

17. 使用组合键 Alt+Enter 换行对所有类型的数据有效。 (　　)

18. 对序列进行编辑和修改后,必须要重新添加才会生效,而且会替换原来的序列内容,并且不可以进行恢复。 (　　)

19. 如果同时选中多行,只需用鼠标拖曳其中任意一行的行高,则其余所有选中行的

行高都会自动调节成相同的高度。（　）

20. 在数据清单中创建公式，当增加新记录时，Excel 可以自动进行计算。（　）

21. 在“排序”对话框中，最多可以设置 4 级排序。（　）

22. 高级筛选则适用于复杂筛选条件，筛选的结果可显示在原数据表格中，不符合条件的记录被隐藏；也可以在新位置显示筛选结果，不符合条件的记录同时保留在数据清单中而不会被隐藏，以便于数据对比。（　）

23. 在 Excel 2007 中，可以为同一个数据表添加多个具有不同汇总函数的分类汇总。（　）

24. 在 Excel 工作表的单元格中输入正确公式，按 Enter 键后，该单元格中显示的是该公式的运算结果。（　）

25. 删除分类汇总时只是将汇总数据删除，并不影响原始数据。（　）

26. 在创建图表时，一定要选择好图表的类型，因为一旦创建好图表，其类型是不能被修改的。（　）

27. 折线图用于分析数据随时间的变化趋势，将同一数据系列的数据点在图上用直线连接起来，通常用于分析数据的变化趋势。（　）

28. 对于非相邻区域的数据可以按住 Ctrl 键选择不相邻的区域，再进行插入图表操作。（　）

29. 在 Excel 编辑中，插入一个“图表”后可使用“撤销”命令撤销该操作。（　）

30. 在设计数据透视表的布局时，一般将最关心的内容放在数据区中，再将与其相关的内容分别放在行字段或者列字段区域中。（　）

31. 在输入公式过程中，不需要先输入等号，否则单元格中将直接显示输入的内容。（　）

32. 公式中括号的优先级最高，即在符号之前使用括号可以改变顺序，最先执行括号内的运算，再执行括号外的运算。（　）

33. 假如一个函数可以使用多个参数，那么参数与参数之间只用半角句号进行分隔。（　）

34. 已知 A1:D1 单元格区域中的数据分别为“88”“78”“65”“91”，而 E1 中的公式为“=COUNTIF(A1:B1,“>=85”)”，则 E1 单元格的值为“0”。（　）

35. 在 Excel 工作表中，默认的表格线是打印不出来的，要打印表格线必须先设置表格框线。（　）

36. 若 Excel 的公式中引用了其他工作表中的数据，如“成绩表！$A$2”，则这种引用就叫作三维引用。（　）

二、选择题

1.（　）不是保存工作簿的正确操作。

A. 在“Office”菜单中选择“保存”命令

B. 在快速启动工具栏中单击【保存】按钮

C. 按 Ctrl+S 组合键

D. 右键单击工作表区域,执行“保存”命令

2. 一个 Excel 的工作簿中所包含的工作表的个数是(　　)。

A. 只能是 1 个　　B. 可以超过 3 个

C. 只能是 3 个　　D. 只能是 2 个

3. 在 Excel 中,B5:E7 单元格区域包含(　　)个单元格。

A. 2　　B. 3　　C. 4　　D. 12

4. 在 Excel 工作表中进行复制操作时,可以只复制单元格的部分特性,如格式、公式等,这必须通过(　　)来实现。

A. 部分粘贴　　B. 部分复制　　C. 选择性粘贴　　D. 选择性复制

5. 一般情况下,Excel 默认的显示格式为右对齐的数据是(　　)。

A. 数值型数据　　B. 字符型数据　　C. 逻辑型数据　　D. 不确定

6. Excel 的自动填充功能可以自动填充(　　)。

A. 公式　　B. 文本　　C. 日期　　D. 以上几项均可

7. 在 Excel 工作表中,用户可以按住(　　)键选择一个不连续的单元格区域。

A. Ctrl　　B. Shift　　C. Alt　　D. Ctrl+Shift

8. 在 Excel 工作表的一个单元格输入数据后,按 Enter 键可以使其(　　)单元格成为活动单元格。

A. 下一个　　B. 左侧　　C. 右侧　　D. 上一个

9. 在 Excel 中文字处理时,强迫换行的方法是在需要换行的位置按(　　)键。

A. Enter　　B. Tab　　C. Alt+Enter　　D. Alt+Tab

10. 工作表被删除后,下列说法中正确的是(　　)。

A. 数据还保存在内存里,只不过是不再显示

B. 数据被删除,可以用“撤销”命令来恢复

C. 工作表进入了回收站,可以去回收站将工作表还原

D. 数据被全部删除,而且不可用“撤销”命令来恢复

11. 在 Excel 中,在单元格中输入日期 2002 年 11 月 25 日的正确形式是(　　)。

A. 2002-11-25　　B. 2002. 11. 25　　C. 2002\11\25　　D. 20021125

12. 在工作表的某个单元格中输入数字字符串“123”,正确的输入方式是(　　)。

A. 123　　B. “123”　　C. 123　　D. =123

13. 在 Excel 中,想在单元格中输入数字字符串“0001”时,应输入(　　)。

A. ‘0001　　B. ”0001　　C. 0001　　D. ’0001

14. 在单元格输入“4/5”,则 Excel 认为是(　　)。

A. 分数　　B. 日期　　C. 小数　　D. 表达式

15. 在 Excel 工作表的公式中,要输入真分数,应先输入(　　)再按空格键,然后依次输入“1/8”。

A. “0”　　B. “$”　　C. “&”　　D. “£”

16. 在 Excel 中，不正确的单元格地址是(　　)。

A. C $ 66　　B. $ c66　　C. C6 $ 6　　D. $ C $ 66

17. 在 Excel 中，某工作簿中有 Sheet1，Sheet2，Sheet3，Sheet4 共 4 张工作表，现在需要在 Sheet1 表中某一单元格中计算从 Sheet2 表的 B2 至 D2 各单元格中的数值之和，正确的公式写法是(　　)。

A. =SUM(Sheet2!B2C2D2)　　B. =SUM(Sheet2.B2:D2)

C. =SUM(Sheet2/B2:D2)　　D. =SUM(Sheet2!B2:D2)

18. 如果 A1 至 A5 单元格中的值分别为“10”“7”“9”“27”和“2”，则(　　)是正确的。

A. MAX(A1:A5)等于 10　　B. MAX(A1:A5,30)等于 30

C. MAX(A1:A5,30)等于 27　　D. MAX(A1:A5,25)等于 25

19. 在 Excel 中，如果单元格 A4 的值为 9，单元格 A6 的值为 4，单元格 A8 为公式“=IF(A4/3>A6,“OK”,“GOOD”)”，则单元格 A8 的值应当是(　　)。

A. OK　　B. GOOD　　C. #REF　　D. 以上都不是

20. 若在 A2 单元格中输入“=56>=57”，则显示结果为(　　)。

A. 56<57　　B. =56<57　　C. TRUE　　D. FALSE

21. 在 Excel 中，单元格 A1 的内容为 112，单元格 B2 的内容为 593，则在单元格 C2 中应输入(　　)，使其显示 A1+B2 的和。

A. =A1+B2　　B. “A1+B2”　　C. “=Al+B2”　　D. =SUM(A1:B2)

22. 工作表的 A1 单元格和 B1 单元格的值分别为“北京邮电大学”“计算机学院”，要求在 C1 单元格显示“北京邮电大学计算机学院”，在 C1 单元格中应输入的正确公式为(　　)。

A. =“北京邮电大学”+“计算机学院”　　B. =A1 $ B1

C. =A1+B1　　D. =A1&B1

23. 在 Excel 工作表中，设有如下所示的数据及公式，现将 A5 单元格中的内容复制到 C5 单元格中，C5 单元格中的内容为(　　)。

A. 18　　B. 22　　C. 24　　D. #VALUE1

24. 在单元格 F3 中输入公式“=SUM(F1:F2,F4:F6,C3:E3)”，如果将它复制到单元格 G5 中去，那么 G5 中的内容将是(　　)。

A. =SUM(F1:F2, F4:F6, C3:E3)　　B. =SUM(G1:G2, G4:G6, D3:F3)

C. =SUM(G3:G4, G6:G8, D5:F5)　　D. =SUM(G2:G3, G5:G7, D4:F4)

25. 假设 A1 单元格中的数据为大写字母“ABCDEFGH”，B1 单元格的数据为大写字母“IJK”，C1 单元格的公式为“=MID(A1&B1,9,LEN(B1))=B1”，则 C1 单元格的值为(　　)。

A. IJK　　B. 0　　C. FALSE　　D. TRUE

26. 假设 A1 单元格中的数据为大写字母“ABCDEF”，B1 单元格的数据为大写字母“DEF”，C1 单元格的公式为“=LEFT(A1,3)=B1”，则 C1 单元格的值为(　　)。

A. DEF　　B. 0　　C. FALSE　　D. TRUE

27. 已知单元格 C1 中的值为“60”,单元格 D1 中的公式为“=IF(C1>=60,C1/10,C1*10)”,则单元格 D1 中的值为(　　)。

A. 70　　B. 1/7　　C. 6　　D. 700

28. 在 A1:D1 单元格区域中依次输入了“1”“2”“3”和公式“=IF(MAX(A1:C1)^2>=9,100,10)”,则单元格 D1 的值为(　　)。

A. 100　　B. 10　　C. 36　　D. 4

29. 在 A1:E1 单元格区域中依次输入了“1”“2”“3”“AA”和公式“=COUNTIF(A1:D1,“<-3”)”,则单元格 D1 的值为(　　)。

A. 1　　B. 2　　C. 3　　D. 4

30. 下面关于“删除”和“清除”的叙述中正确的是(　　)。

A. 删除是指取消指定区域,清除只取消指定区域的内容

B. 删除不可以恢复,清除可以恢复

C. 进行删除操作时既可以选择“编辑/删除”,也可以按 Delete 键

D. 删除某一单元时其他单元不移动,清除某一单元时其他单元要移动

31. 如果将 B3 单元格中的公式“=C3+$ D5”复制到同一工作表的 D7 单元格中,该单元格公式为(　　)。

A. =C3+$ D5　　B. =D7+$ E9　　C. =E7+$ D9　　D. =E7+$ D5

32. 设 B5 单元格中的公式为“SUM(B2:B4)”,将其复制到 D5 单元格后,公式变为(　　)。

A. SUM(B2:B4)　　B. SUM(B2:D5)　　C. SUM(D5:B2)　　D. SUM(D2:D4)

33. 调用 Excel 均无参数函数时,参数可以没有,但(　　)不可以没有。

A. 逗号　　B. 分号　　C. 括号　　D. 冒号

34. 若选中一个单元格后按 Delete 键,这是(　　)。

A. 删除该单元格中的数据和格式　　B. 删除该单元格

C. 仅删除该单元格中的数据　　D. 仅删除该单元格中的格式

35. 为了取消分类汇总的操作,必须(　　)。

A. 执行“开始”选项卡的“单元格”组中的“删除”命令

B. 按 Delete 键

C. 在分类汇总对话框中单击【全部删除】按钮

D. 以上都不可以

36. 当对建立的图表进行修改时,下列叙述中正确的是(　　)。

A. 先修改工作表的数据,再对图表做相应的修改

B. 先修改图表中的数据点,再对工作表中相关数据进行修改

C. 工作表的数据和相应的图表是关联的,用户只要对工作表的数据修改,图表就会相应更改

D. 当在图表中删除了某个数据点时,则工作表中相关数据也被删除

37. 在 Excel 中,产生图表的数据发生变化后,图表(　　)。

A. 会发生相应的变化　　B. 会发生变化,但与数据无关

C. 不会发生变化　　D. 必须进行编辑后才会发生变化

38. 选择表格中需要删除的数据区域，按 Delete 键即可(　　)。

A. 删除工作表中的数据　　B. 删除图表中的数据

C. 删除工作表和图表中的数据　　D. 无任何变化

39. 若要选定区域 A1:C5 和 D3:E5，应(　　)。

A. 按鼠标左键从 A1 拖动到 C5，然后按鼠标左键从 D3 拖动到 E5

B. 按鼠标左键从 A1 拖动到 C5，然后按住 Ctrl 键，并按鼠标左键从 D3 拖动到 E5

C. 按鼠标左键从 A1 拖动到 C5，然后按住 Shift 键，并按鼠标左键从 D3 拖动到 E5

D. 按鼠标左键从 Al 拖动到 C5，然后按住 Tab 键，并按鼠标左键从 D3 拖动到 E5

40. 在单元格中输入"(123)"，则显示值为(　　)。

A. -123　　B. 123　　C. "123"　　D. (123)

41. 在 Excel 中，双击列标右边界可以(　　)。

A. 自动调整列宽　　B. 隐藏列　　C. 锁定列　　D. 选中列

42. 下列关于 Excel 中排序操作的叙述中，正确的是(　　)。

A. 只能对数值型数据进行排序，不能对字符型数据进行排序

B. 可以选择按数据值的升序或降序两种方式分别进行排序

C. 只能按照一个"关键字"排序

D. 一旦排序后就不能恢复原来的排列顺序

43. 先单击第 1 张工作表标签，再按住 Ctrl 键单击第 5 张工作表，则选中(　　)个工作表。

A. 0　　B. 1　　C. 2　　D. 5

44. 在 Excel 中，若要使用图片作为工作表的背景图案，可以选择(　　)选项卡来完成。

A. "插入"　　B. "页面布局"　　C. "视图"　　D. "开始"

45. 在 Excel 内置的 5 种条件规则中，(　　)规则可以帮助用户查看某个单元格相对于其他单元格的值。

A. 数据条　　B. 色阶

C. 突出显示单元格　　D. 图标集

46. 在 Excel 中，要统计数值的总和，可以用下面的(　　)函数。

A. COUNT　　B. AVERAGE　　C. MAX　　D. SUM

47. 在 Excel 中，函数 COUNT("AB","ABABGF",1) 的结果是(　　)。

A. 0　　B. 1　　C. 2　　D. #VALUE!

48. 函数 AVERAGE(B1:B5) 相当于求 B1:B5 单元格区域的(　　)。

A. 平均值　　B. 和　　C. 计数　　D. 最大值

49. 在 Excel 的工作表中，如果 B2、B3、B4、B5 单元格的内容分别为"4""3""5""=B2*B3-B4"，则 B5 单元格实际显示的内容是(　　)。

A. 8　　B. 7　　C. 5　　D. 6

50. 在公式中使用了(　　)，那么无论如何改变公式的位置，其引用的单元格地址总

是不变。

A. 相对引用　　B. 绝对引用　　C. 混合引用　　D. 以上都不是

51. 使用坐标$F$5引用工作表F列第5行的单元格,称为对单元格坐标的(　　)。

A. 绝对引用　　B. 相对引用　　C. 混合引用　　D. 交叉引用

52. Excel中的文字连接符号为(　　)。

A. $　　B. &　　C. %　　D. @

53. 已知单元格A1、B1、C1、A2、B2、C2中分别存放数值"1""2""3""4""5""6",单元格D1中存放着公式"=A1+$B$1+C1",此时将单元格D1复制到D2中,则D2中的结果为(　　)。

A. 6　　B. 12　　C. 15　　D. #REF

54. 用Excel可以创建各类图表,如条形图、柱形图等。为了显示数据系列中每一项占该系列数值总和的比例关系,应该选择(　　)图表。

A. 条形图　　B. 柱形图　　C. 饼图　　D. 折线图

55. 在Excel中,最适合用于显示随时间变化的趋势的图表类型是(　　)。

A. 散点图　　B. 折线图　　C. 柱形图　　D. 饼图

56. 用Excel可以创建各类图表,如条形图、柱形图等。为了描述特定时间内各项之间的差别情况,用于对各项进行比较,应该选择(　　)图表。

A. 柱形图　　B. 折线图　　C. 饼图　　D. 面积图

57. 用筛选条件"数学>60分"或"总分>=248分"对成绩数据进行筛选,则筛选结果为(　　)。

A. 符合数学>60分条件的数据

B. 符合数学>60分且总分>=248分条件的数据

C. 符合总分>248分条件的数据

D. 符合数学>60分或总分>=248分条件的数据

58. 下列有关数据透视表的说法中,正确的是(　　)。

A. 分类汇总之前必须先按关键项目排序,数据透视表也必须先按关键项目排序

B. 分类汇总可同时计算多个数值型项目的小计数,数据透视表也可以同时计算多个数值型项目的小计数、总计数

C. 分类汇总只能根据一个关键项目进行,数据透视表最多可以根据3个关键项目汇总

D. 分类汇总的结果与原工作表在同一张工作表中,数据透视表也只能与原表混在一张表中,不能单独放在一张表中

59. 在Excel中,关于分类汇总叙述错误的是(　　)。

A. 分类汇总前数据必须按关键字段排序

B. 分类汇总的关键字段只能是一个字段

C. 汇总方式只能是求和

D. 分类汇总可以删除

60. 下列有关分类汇总的方法中,错误的是(　　)。

A. 正如排序一样,分类汇总中分类字段可以为多个

B. 分类汇总时,汇总方式最常见的是求和,此外还有计数、平均值、最大值、最小值等

C. 分类汇总时选定汇总项一般要选择“数值型”项目,即“文本型”“日期型”项目最好不选

D. 分类汇总的结果可以与原表的数据在同一张工作表中,汇总结果数据也可以部分删除或全部删除

61. 在 Excel 的数据库中,自动筛选是对(　　)进行条件选择的筛选。

A. 记录　　B. 字段　　C. 行号　　D. 列号

62. 已知某工作表中有“姓名”“成绩”等字段名,现已对该工作表建立了自动筛选,下列说法中正确的是(　　)。

A. 可以筛选出“成绩”为前 5 名或后 5 名的成绩

B. 可以筛选出“姓名”的第二个字为“利”的所有名字

C. 可以同时筛选出“成绩”在 90 分以上与 60 分以下的所有成绩

D. 不可以筛选出“姓名”的第一个字为“张”,同时成绩在 80 分以上的成绩

63. 在 Excel 2007 中,若要为工作表添加页眉和页脚,可以进行的操作是(　　)。

A. 在“页面设置”对话框中选择“页边距”选项卡

B. 在“页面设置”对话框中选择“页眉/页脚”选项卡

C. 只能执行“打印→打印预览”命令,在预览窗口中进行

D. 以上四项均不对

64. 当工作簿中含有多张工作表,或工作表包含多页时,可以通过设置(　　),选择部分工作表或工作表的部分页面进行打印。

A. 打印范围　　B. 打印内容　　C. 打印份数　　D. 打印机

65. (　　)是工作表中的小方格,它是工作表中的基本元素,也是 Excel 独立操作的最小单位。

A. 单元格区域　　B. 单元格　　C. 任务窗格　　D. 工作表标签

66. 以下方法中,无法退出 Excel 2007 的是(　　)。

A. 双击 Excel 工作界面的标题栏

B. 在 Excel 2007 中单击【Office】按钮,在弹出的菜单中选择“关闭”命令

C. 单击 Excel 2007 操作界面中标题栏右侧的“关闭”按钮

D. 按 Ctrl+F4 组合键

67. 以下关于工作表的操作,叙述错误的是(　　)。

A. 双击工作表标签,可以重命名工作表

B. 可以将工作表移动至其他工作簿中

C. 无法使用密码来保护工作表

D. 可以修改工作表标签的颜色

68. 在向单元格输入文字或数据时,出现一些单元格中显示的是一串“#”,而在编辑栏中却能看见对应单元格数据的情况,应(　　)解决。

A. 设置对齐格式　　B. 设置底纹

C. 增大列宽　　D. 减小列宽

69. 以下关于 Excel 2007 中单元格样式的说法中，错误的是（　　）。

A. 样式是字体、字号和缩进等格式设置特性的组合，应用样式时，将同时应用该样式中所有的格式设置指令

B. 套用单元格样式前，先选择样式，再选择要套用样式的单元格

C. 除套用内置的单元格样式外，用户还可以创建自定义的样式

D. 在单元格样式菜单中右键单击样式，在弹出的快捷菜单中选择“删除”命令，即可删除该样式

70. 若 A1 单元格中的数值为 22，B1 单元格中的数值为 23，则 C1 单元格的公式为（　　）时，值为 FALSE。

A. A1<>B1　　B. A1<B1　　C. A1=B1　　D. A1<=B1

71. 下面关于公式的基本操作的叙述中，错误的是（　　）。

A. 选择单元格后，可以在编辑栏中修改其中的公式

B. 为了方便用户检查公式的正确性，可以设置在单元格中显示公式

C. 复制公式与相对引用结合使用，可以提高输入公式的效率

D. 在删除单元格中的公式后，无法保留已经计算好的结果

72. 在设置分级显示功能时，需要使用 Excel 2007 的（　　）功能。

A. 数据排序　　B. 数据筛选　　C. 组合　　D. 分列

73. 以下关于设置数据透视表选项的操作，描述错误的是（　　）。

A. 在“值字段设置”对话框中可以设置字段的汇总方式

B. 可以将数据透视表移动至同一工作簿的不同工作表中

C. 设置数据透视表的设计、布局和格式的方法与普通图表相同

D. 创建数据透视表后，无法修改外部数据源

74. 筛选时将条件放置于一行中，表示条件的逻辑关系为（　　），即筛选两个条件全部满足的记录。

A. 与　　B. 或　　C. 等于　　D. 以上都不是

75. 在筛选时，如果同时对两个或两个以上的字段进行筛选，筛选结果将是（　　）的记录。

A. 满足两个筛选条件　　B. 满足两个以上筛选条件

C. 同时满足所有筛选条件　　D. 以上都不对

76. 使用分类汇总功能，应单击“数据”选项卡中（　　）组的“分类汇总”按钮。

A. 排序和筛选　　B. 数据工具　　C. 分级显示　　D. 以上都不是

77. 合并计算只对（　　）数据有效。

A. 日期和时间　　B. 文本型　　C. 货币型　　D. 数值型

78. 选择图表的数据区域时，要注意所选数据区域中要包括（　　），以使生成的图表可以有效地标识数据。

A. 上表头和左表头　　B. 上表头和标题

C. 标题和左表头　　　　　　　　　　D. 以上都不对

79. 数据透视表是一种对大量数据快速汇总和建立交叉列表的(　　)表格。

A. 交互式　　B. 汇总　　C. 明细　　D. 统计

80. 删除公式保留结果的操作如下：单击“开始”选项卡的“剪贴板”组中的“粘贴”选项的下拉按钮，从中选择“选择性粘贴”选项，弹出“选择性粘贴”对话框，在“粘贴”选项区中选择(　　)单选按钮。

A. 公式　　B. 数值　　C. 格式　　D. 以上都不是

81. Excel 2007 会自动使用分页符分页，其位置取决于(　　)。

A. 纸张大小　　B. 页边距　　C. 打印比例　　D. 以上都是

82. 打印时可以选择的打印目标包括(　　)。

A. 工作簿　　　　　　　　　　B. 工作表

C. 工作表某个区域　　　　　　D. 以上都对

83. 在 Excel 中，某个单元格显示为“#####”，其原因可能是(　　)。

A. 公式中有被 0 除的内容　　　　B. 与之有关的单元格数据被删除了

C. 单元格行高或列宽不够　　　　D. 输入的数据格式不对

84. 在 Excel 中，某个单元格显示为“#DIV/0!”，其原因可能是(　　)。

A. 公式中有被 0 除的内容　　　　B. 与之有关的单元格数据被删除了

C. 单元格行高或列宽不够　　　　D. 输入的数据格式不对

85. 在 Excel 中，某个单元格显示为“#REF!”，其原因可能是(　　)。

A. 公式中有被 0 除的内容

B. 与之有关的单元格数据被删除了

C. 单元格行高或列宽不够

D. 输入的数据格式不对

86. 如果单元格 A1 中值为“6”，单元格 A2 中值为“计算机”，在单元格 A3 中输入公式“=A1+A2”，则 A3 返回值为(　　)。

A. #NAME?　　B. #VALUE!　　C. #NUM!　　D. #N/A

项目四　文稿演示软件 PowerPoint 2007

任务一　演示文稿的基本操作

一、目的及要求

(1)掌握 PowerPoint 2007 的启动和退出方法。

(2)熟悉 PowerPoint 2007 的工作界面。

(3)掌握创建演示文稿的方法。

(4)掌握插入、复制、移动、删除、隐藏幻灯片的方法。

二、示例

在 PowerPoint 2007 中利用模板创建演示文稿的操作步骤如下:

(1)在文稿中单击“Office”按钮,在弹出的菜单命令中单击“新建”命令。

(2)弹出“新建演示文稿”对话框(见图 4-1),单击“已安装的模板”标签,切换至“已安装的模板”选项卡上。

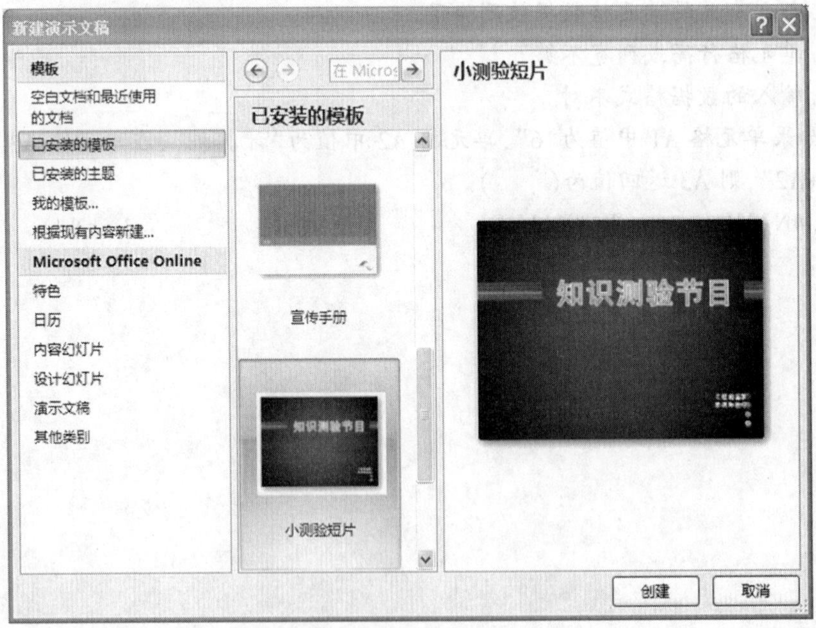

图 4-1　利用模板创建演示文稿

(3)选择合适的模板样式,单击【创建】按钮。此时,用户可以看到根据模板新建的演示文稿，如图 4-2 所示。

图 4-2　利用模板创建成的演示文稿

三、操作内容

（1）练习创建演示文稿的几种方法，使用“现代型相册”模板创建演示文稿。

（2）在新创建的演示文稿中练习插入、复制、移动、删除、隐藏幻灯片的方法。

任务二　PowerPoint 2007 幻灯片的编辑

一、目的及要求

（1）掌握在幻灯片中添加文本内容的方法。

（2）掌握在幻灯片中使用艺术字的方法。

（3）掌握在幻灯片中使用图片和形状的方法。

二、示例

以“制作产品宣传”为例，按照以下步骤操作：

（1）新建一个演示文稿，在标题占位符和副标题占位符中分别插入文字，如图 4-3 所示。

（2）选中文本，在浮动工具栏上单击【加粗】按钮加粗文本，并设置字号为“60”，单击文本颜色下拉列表中的颜色选项，设置字体颜色，如图 4-4 所示。

（3）选中副标题占位符中的文本，在显示的浮动状态栏中设置字号为“40”，单击【加粗】按钮，设置文本加粗，单击文本下拉列表中的颜色选项，设置字体颜色。

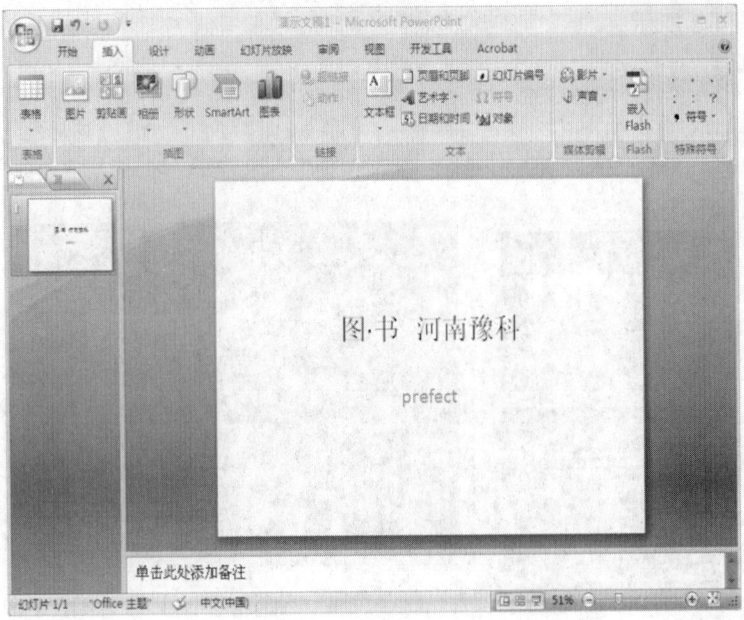

图 4-3　输入文字

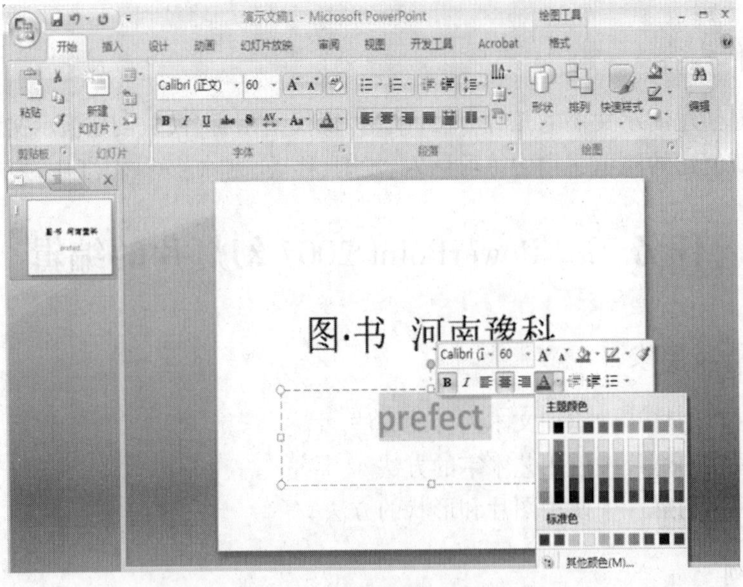

图 4-4　设置字体和颜色

(4)单击“开始”选项卡的“幻灯片”组中的“新建幻灯片”下三角按钮，在展开的库中选择“内容与标题”版式，如图 4-5 所示。

(5)单击“插入”的选项卡的【图片】按钮，弹出“插入图片”对话框，如图 4-6 所示，选择合适的图片，然后单击【插入】按钮。

(6)切换至“图片工具”的“格式”选项卡，单击“图片样式”组中的快翻按钮，在展开的库中选择“映像圆角矩形”样式，如图 4-7 所示。

(7)单击“图片样式”组中的“图片效果”下三角按钮，在展开的库中指向“发光”选

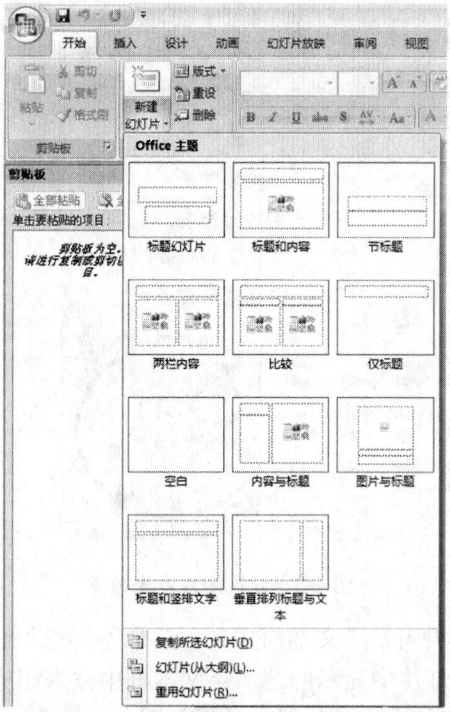

图 4-5　插入幻灯片

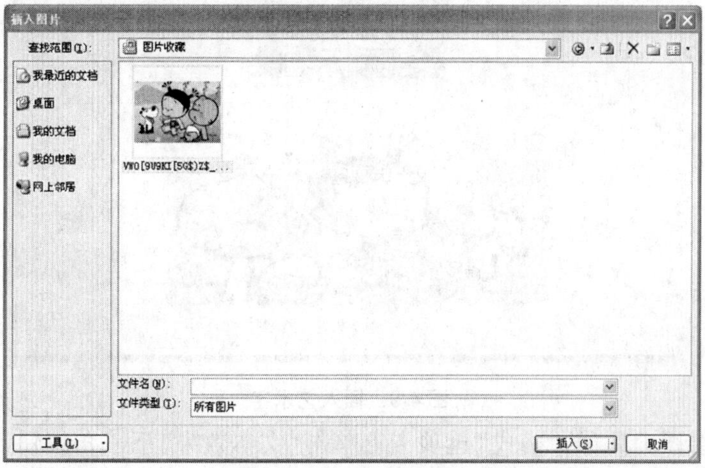

图 4-6　“插入图片”对话框

图 4-7　设置图片样式

项，选择其合适的发光样式，如图 4-8 所示。

图 4-8　设置图片发光效果

(8)在“插入”选项卡中单击“文本组中的“艺术字”下三角按钮,在展开的库中选择合适的艺术字样式,在幻灯片中显示的艺术字文本框中输入相应的文本内容,用户可以使用拖动的方法调整艺术字的大小和位置。效果如图 4-9 所示。

图 4-9　插入艺术字

(9)在 “绘图工具”的“格式”选项卡上单击“文本效果”下三角按钮,在展开的库中指向“转换”选项,如图 4-10 所示,选择“波形 2”样式。

(10)设置了艺术字效果后,然后在幻灯片中的文本框中输入与图片相对应的文字,并设置其文本的格式,设置后的效果如图 4-11 所示。

三、操作内容

(1)制作一部电影的介绍,要求使用艺术字。

(2)制作介绍一种动物的演示文稿。

图 4-10　设置艺术字效果

图 4-11　完成之后的效果图

任务三　PowerPoint 2007 幻灯片的静态效果设置

一、目的及要求

(1)掌握在幻灯片中设置母版的方法。
(2)掌握在幻灯片中设置背景格式的方法。

二、试验示例

以“制作企业文化演示文稿”为例,操作步骤如下:

(1)新建一个演示文稿,单击“视图”标签,切换至“视图”选项卡,单击“演示文稿视图”组中的【幻灯片母版】按钮，结果如图 4-12 所示。

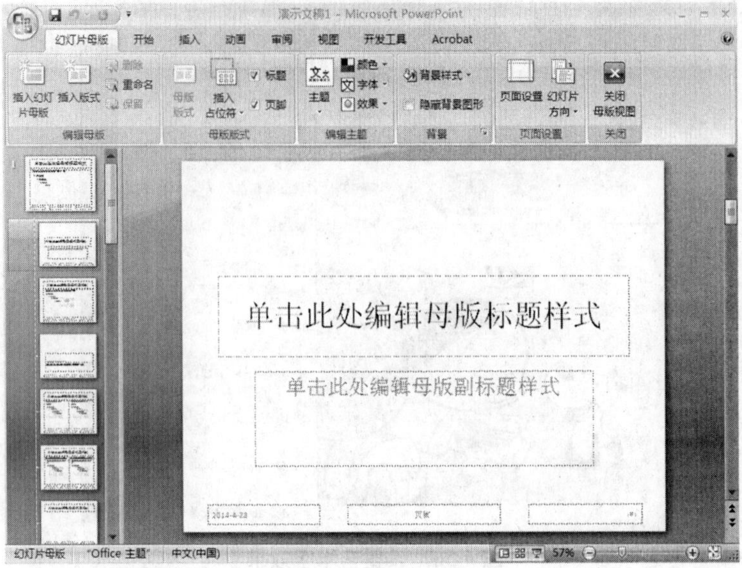

图 4-12　设置背景格式

(2)在“幻灯片母版”选项卡上，单击“背景”组中的“背景样式”下三角按钮，在展开的库中单击“设置背景格式”选项，弹出“设置背景格式”对话框，如图 4-13 所示，在“填充”选项卡上单击“填充”选项组中的【图片或纹理填充】单选按钮。

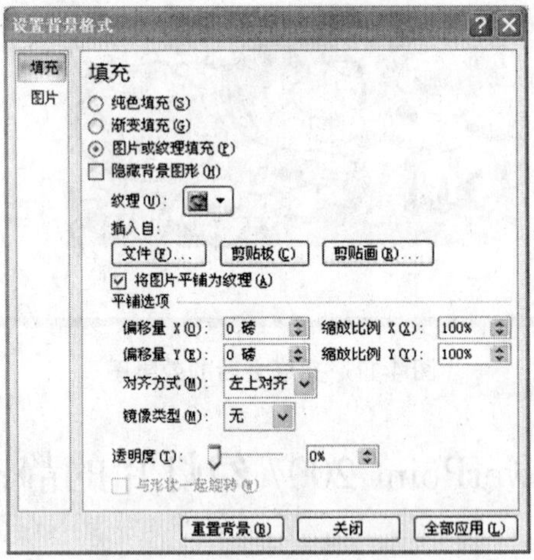

图 4-13　“设置背景格式”对话框

(3)单击【文件】按钮，弹出“插入图片”对话框，找到图片的位置，单击需要插入的图片，然后单击【插入】按钮。

(4)设置透明度为 10%，单击【全部应用】按钮，然后单击【关闭】按钮。

(5)选中标题文本，然后单击“绘图工具”选项卡的“格式”标签，切换至“格式”选项卡，如图 4-14 所示，在展开的库中选择合适的艺术字。

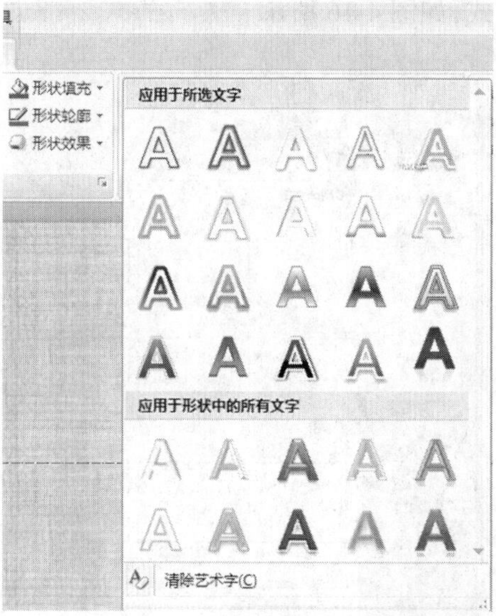

图 4-14 设置艺术字样式

(6)单击“艺术字样式”组中的“文本效果”下三角按钮,在展开的库中指向“发光”选项,在其级联的库中选择合适的发光样式,如图 4-15 所示。

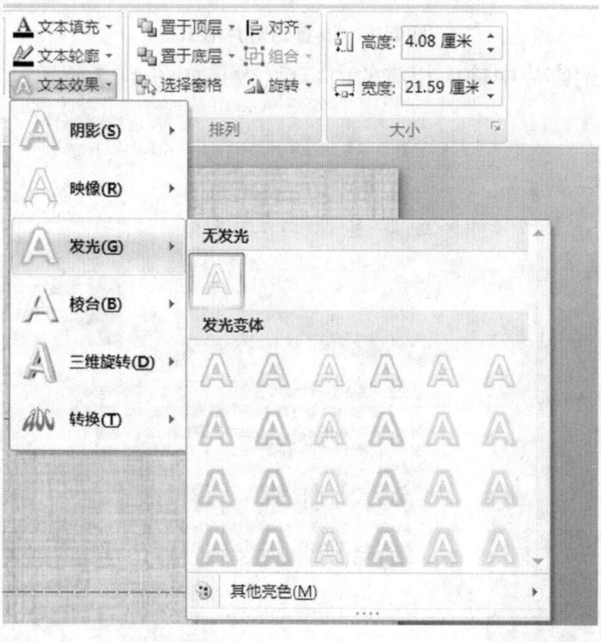

图 4-15 设置文本效果

(7)选中内容占位符文本,在现实的浮动工具栏中设置字体为“黑体”,设置字体颜色为“橙色”。

(8)在“幻灯片母版”选项卡上,单击“关闭”组中的【关闭母版视图】按钮。

(9)在“开始”选项卡上单击“新建幻灯片”下三角按钮,进行幻灯片的新建,在展开的库中选择合适的版式样式，如图 4-16 所示。

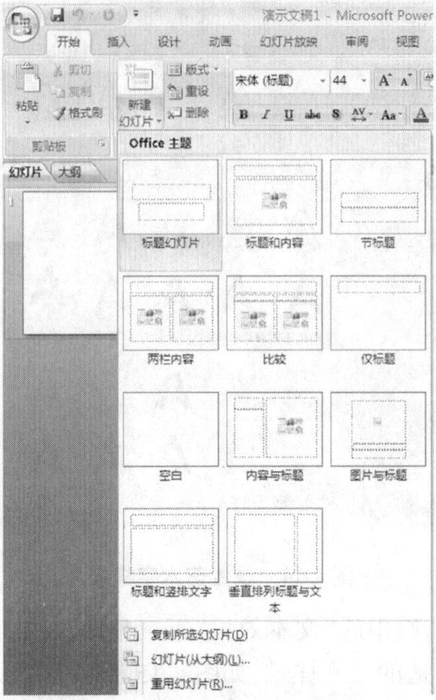

图 4-16　设置幻灯片版式

(10)在新建的幻灯片中输入相应的内容后，效果如图 4-17 所示。

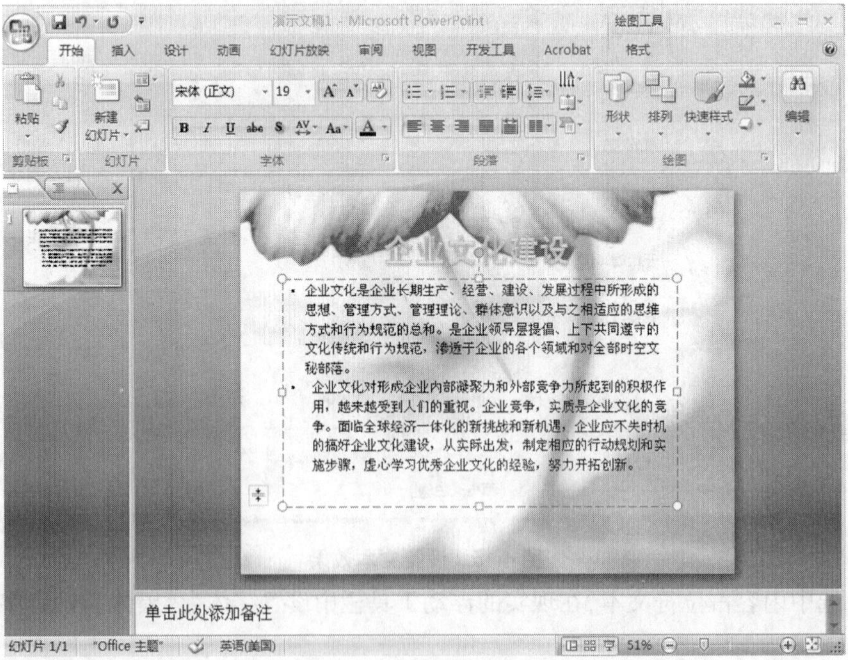

图 4-17　效果图

三、操作内容

(1)在网上搜索“奥运会”的相关资料,制作一个关于“2012 伦敦奥运会”的演示文稿,要求使用母版设置。

(2)制作一个演示文稿,介绍自己的家乡。

任务四　PowerPoint 2007 幻灯片的动态效果设置

一、目的及要求

(1)掌握在幻灯片中动态效果设置的方法。

(2)掌握在幻灯片中插入音频、视频的方法。

(3)掌握在幻灯片中自定义动画的方法。

二、示例

以“制作产品推广广告”为例,操作步骤如下:

(1)新建一个演示文稿,单击“设计”标签,切换至“设计”选项卡;单击“背景”组中的“背景样式”下三角按钮,在展开的库(见图 4-18)中单击“设置背景格式”选项,弹出“设置背景格式”对话框(见图 4-19)。

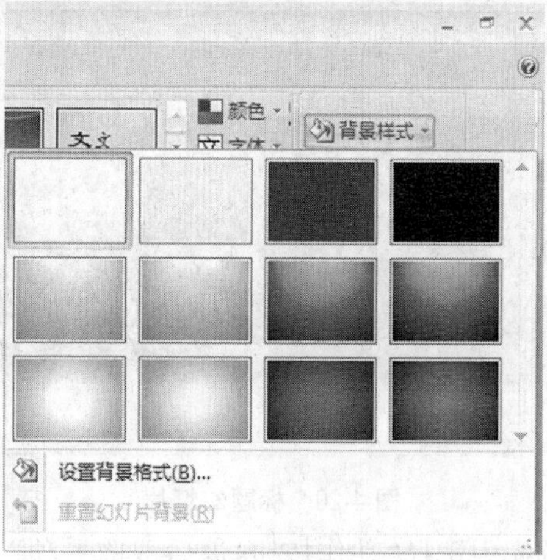

图 4-18　设置背景样式

(2)单击“填充”选项组中的“渐变填充”单选按钮,再单击“预设颜色”下三角按钮,在展开的库中选择“熊熊火焰”样式,然后单击【全部应用】按钮,设置完成后,关闭对话框;在幻灯片的标题占位符中输入“恢弘的想象”,然后删除副标题占位符,效果见图 4-20。

(3)选中第一张幻灯片,然后按 Enter 键,新建一张空白幻灯片,即第二张幻灯片,从中输入如图 4-21 所示的内容。单击“插入”标签,“插入”选项卡,单击“插图”组中的“形

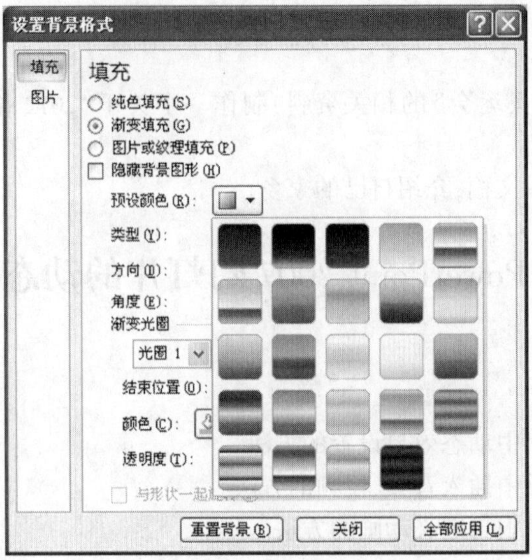

图 4-19　背景样式的填充

图 4-20　标题幻灯片

状”下三角按钮，在展开的库中选择“动作按钮：退后或前一项”形状（见图 4-22）；在幻灯片的合适位置绘制形状，弹出“动作设置”对话框，如图 4-23 所示，单击【确定】按钮。用同样的方法在幻灯片中绘制“动作按钮：前进或后一项”形状。

（4）选中第二张幻灯片，然后按 Enter 键，再新建一张幻灯片，即第三张幻灯片，从中输入相应的内容，并对输入的文字进行格式设置，如图 4-24 所示。

（5）在第三张幻灯片后新建第四张幻灯片，右键单击该幻灯片，在弹出的快捷菜单中选择“版式”命令，然后选择“两栏内容”样式的版式，如图 4-25 所示。

（6）在幻灯片的右栏中单击占位符中的【插入来自文件的图片】按钮，弹出“插入图

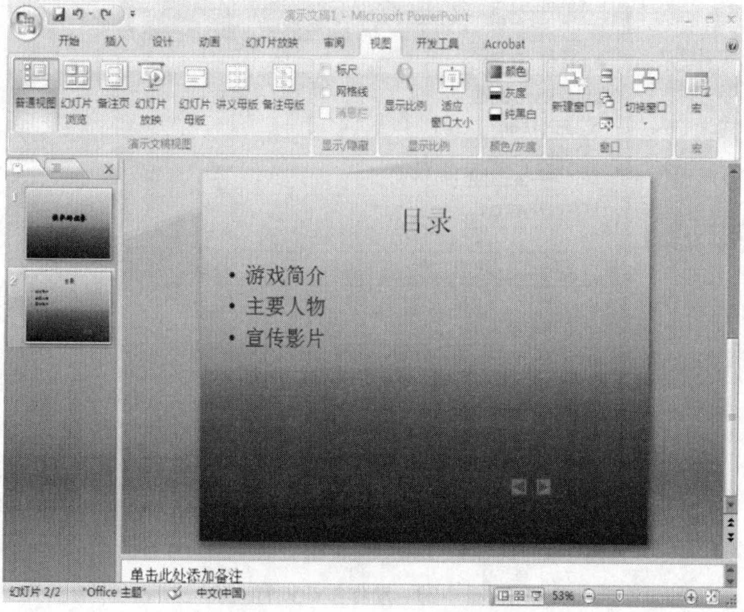

图 4-21　第二张幻灯片的效果

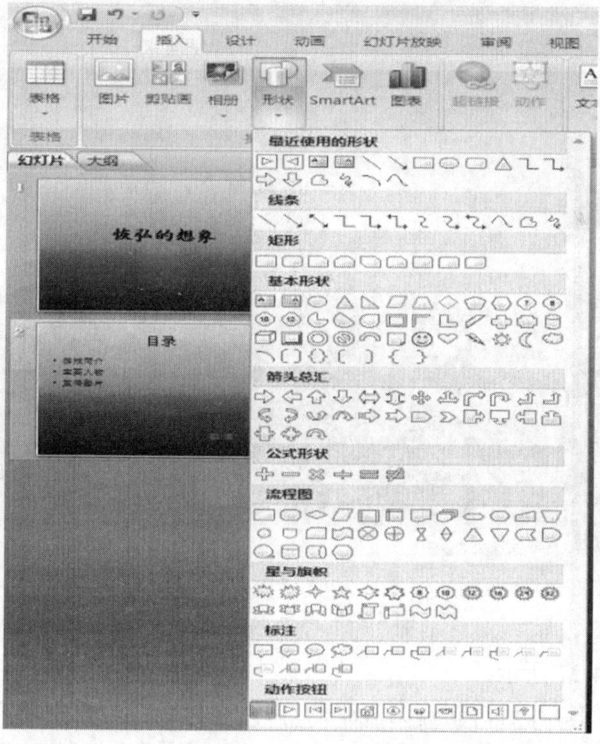

图 4-22　使用动作按钮

片”对话框,设置合适的“查找范围”,然后插入图片,效果如图 4-26 所示。单击“图片工具”选项卡的“格式”标签,切换至“格式”选项卡,单击“图片样式”组,在展开的库中选择

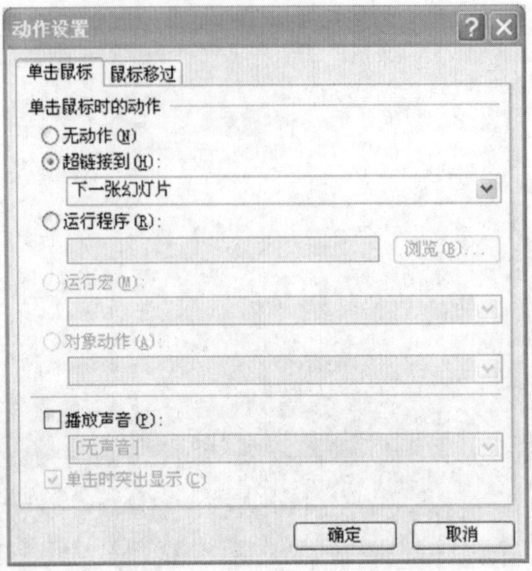

图 4-23　动作按钮设置

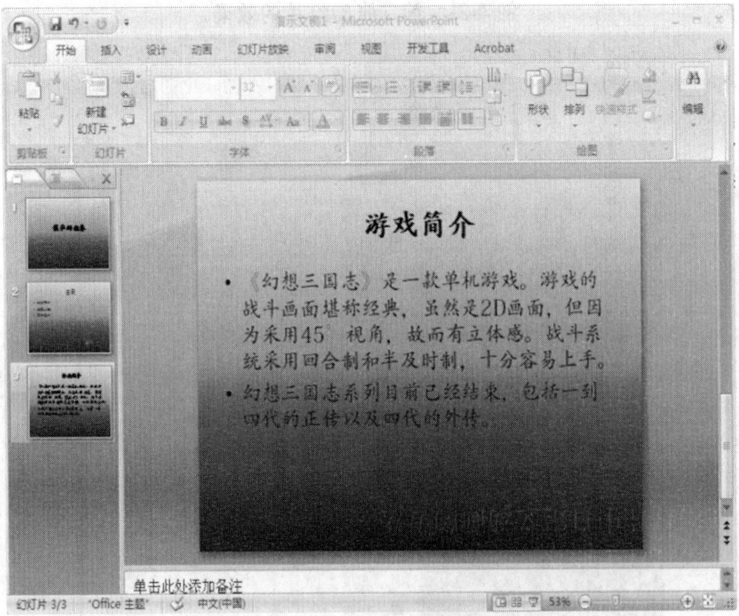

图 4-24　第三张幻灯片

合适的样式，如图 4-27 所示。

（7）在第四张幻灯片后再新建第五张幻灯片，在标题占位符中输入幻灯片的标题，然后单击占位符中的【插入媒体剪辑】按钮，弹出“插入影片”对话框，设置合适的“查找范围”，插入影片；弹出如图 4-28 所示的提示框，提示用户希望如何设置播放影片的方式，单击【自动】按钮。

（8）在幻灯片中，用户可以相应地插入影片的显示大小和位置，使其以合适的大小和

图 4-25　设置第四张幻灯片的版式

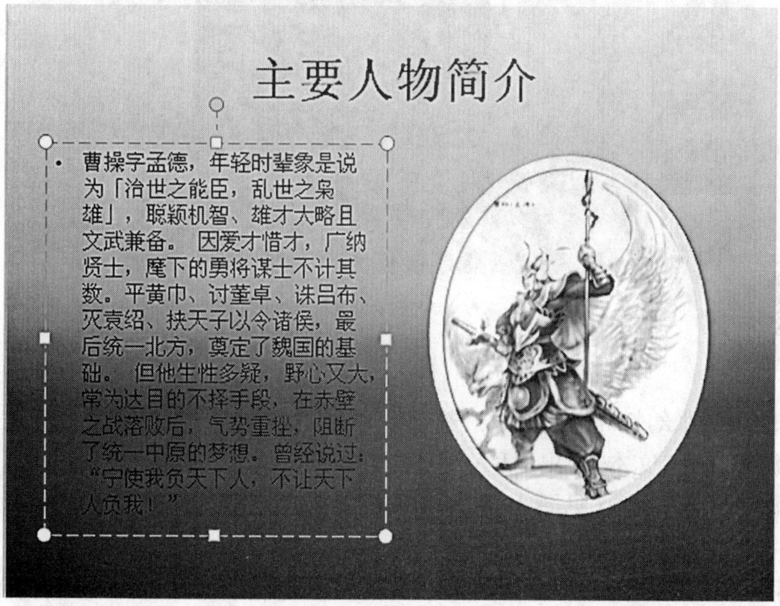

图 4-26　插入图片

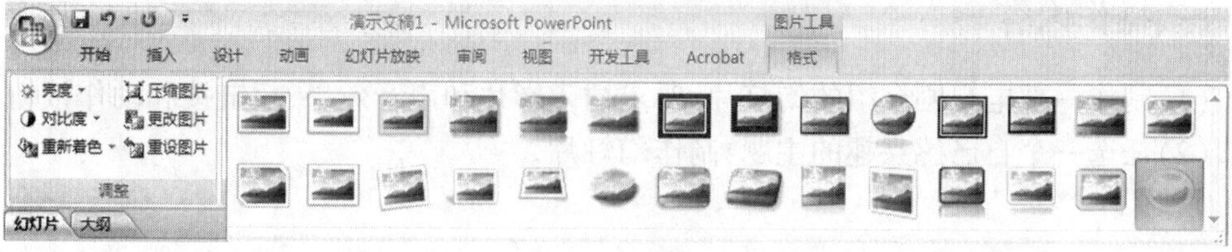

图 4-27　设置图片样式

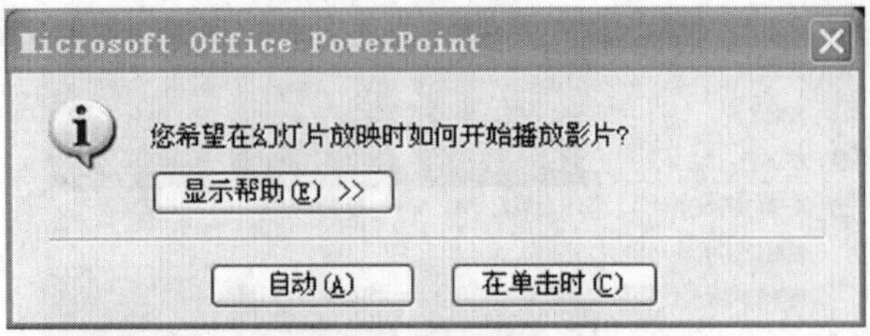

图 4-28　设置播放影片的方式

位置显示在幻灯片中,如图 4-29 所示。用户还可以设置其图片的样式效果。

图 4-29　插入视频后的效果

(9)选中第二张幻灯片,在“插入”选项卡上单击“链接”组的【超链接】按钮,在幻灯片中选中“游戏简介”文本,弹出“插入超链接”对话框,单击“本文档中的位置(A)”,选择列表中的“游戏介绍”选项(见图 4-30),再单击【确定】按钮。这样就为该幻灯片中的“游戏介绍”文本设置了超链接。

(10)用同样的方法为幻灯片中的其余文本设置超链接。设置完成后,简单制作的产品推广广告演示文稿就完成了,用户可以放映该演示文件进行观看。

三、操作内容

(1)制作一部电视剧介绍的幻灯片,要求插入影片和声音效果、超链接和动作按钮。

(2)任选一个自己感兴趣的主题,制作幻灯片。

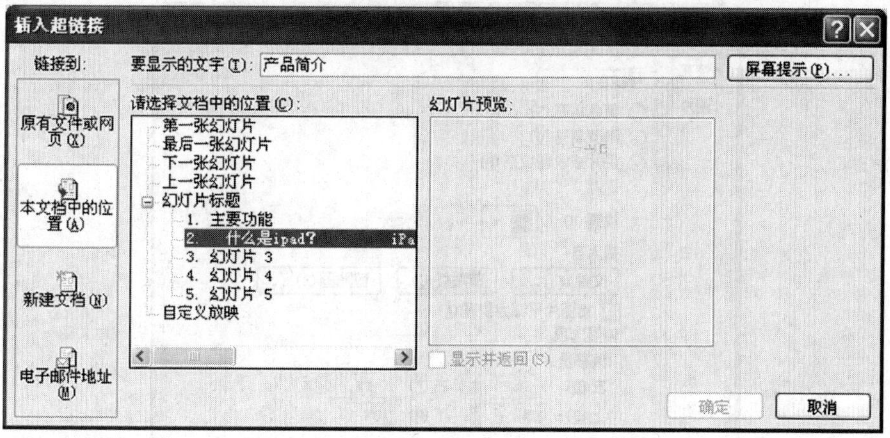

图 4-30　插入超链接

任务五　PowerPoint 2007 综合操作一

一、目的及要求

(1)掌握在幻灯片中添加文本内容的方法。
(2)掌握在幻灯片中使用艺术字的方法。
(3)掌握在幻灯片中使用图片和形状的方法。

二、示例

以“制作宣传片”为例,操作步骤如下:

(1)新建演示文稿,然后单击“视图”标签,切换至“视图”选项卡,单击“演示文稿视图”组中的【幻灯片母版】按钮,在“幻灯片母版”选项卡(见图 4-12)上设置宣传片样式,选中第一张幻灯片,单击“背景”组中“背景样式”下三角按钮,在展开的库中单击“设置背景样式”选项,弹出“设置背景格式”对话框(见图 4-31);在“填充”选项卡上单击“填充”组中的“图片或纹理填充”单选按钮,再单击【文件】按钮,弹出“插入文件”对话框,单击需要插入的图片,然后单击【插入】按钮,即可插入图片。

(2)在“插入”选项卡上,单击“文本”组中的【页眉和页脚】按钮,弹出“页眉和页脚”对话框,如图 4-32 所示,在“幻灯片”选项卡中选中“日期和时间”复选框,然后单击【全部应用】按钮。

(3)选中标题占位符,切换至“绘图工具”的“格式”选项卡,在“艺术字样式”组的“快速样式”下拉库中选择合适的样式,选中内容占位符中的文本,设置其文本格式,效果如图 4-33 所示。此时,对幻灯片母版的设置就完成了。在“幻灯片母版”选项卡上,单击“关闭”组中的【关闭母版视图】按钮。宣传片的样式设置好后,用户就可以在幻灯片中输入内容。

(4)设置幻灯片首页,添加标题和副标题,按 Enter 键新建第二张幻灯片,并设置文本

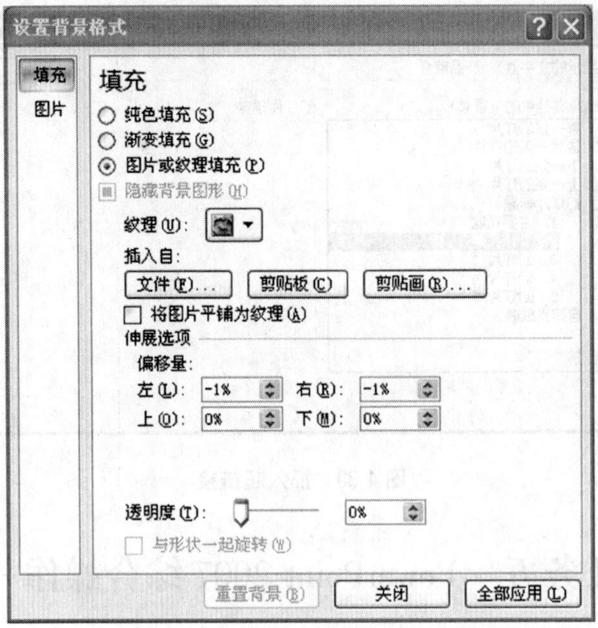

图 4-31 “设置背景格式”对话框

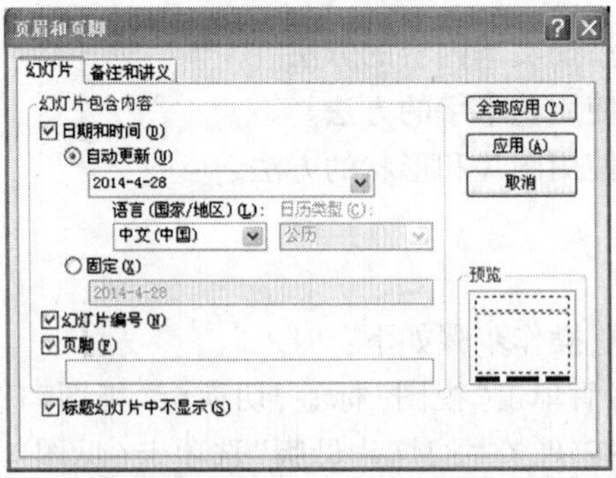

图 4-32 设置页眉和页脚

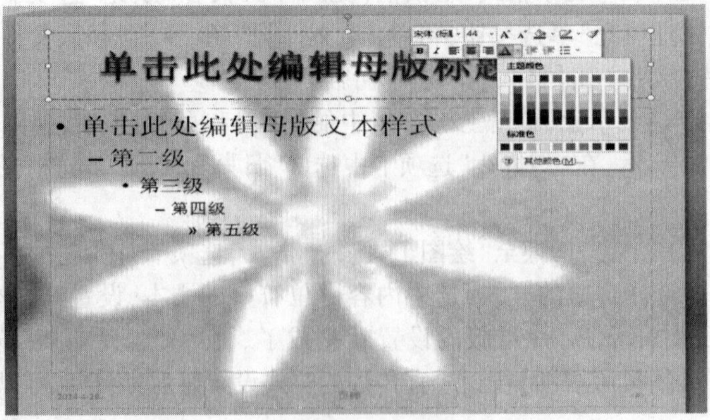

图 4-33 设置母版样式

大小格式,如图 4-34 所示。选中并输入相应内容,如图 4-35 所示。

图 4-34 幻灯片首页

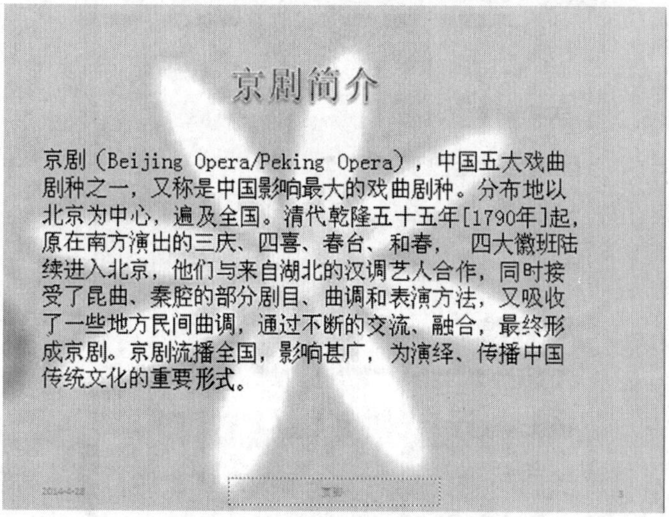

图 4-35 第二张幻灯片

(5)选中第二张幻灯片,用同样的方法新建第三张幻灯片,在标题占位符中输入标题,在内容占位符中单击“插入图形”图标,在弹出的对话框中切换至“列表”选项卡上,选择“水平项目符号列表”,如图 4-36 所示,然后单击【确定】按钮。

(6)输入文本,然后切换至“SmartArt 工具”的“设计”选项卡;单击“SmartArt 工具”组中的“更改颜色”下三角按钮,在展开的库中选择“彩色范围—强调文字颜色 2”样式,如图 4-37 所示。单击“SmartArt 样式”组,设置 SmartArt 图形的三维效果,如图 4-38 所示。

(7)选中第三张幻灯片,在“开始”选项卡上单击“幻灯片”组中的“新建幻灯片”下三角按钮,在展开的库中选择“两栏内容”样式;在新建的幻灯片的标题占位符中输入标题内容,单击左侧内容占位符中的“插入来自文件的图片”图标,弹出“插入图片”对话框,设置“查找范围”,单击需要插入的图片,然后单击【确定】按钮,效果如图 4-39 所示。

(8)选择插入的图片,对其样式进行设置。在“图片工具”的“格式”选项卡上单击

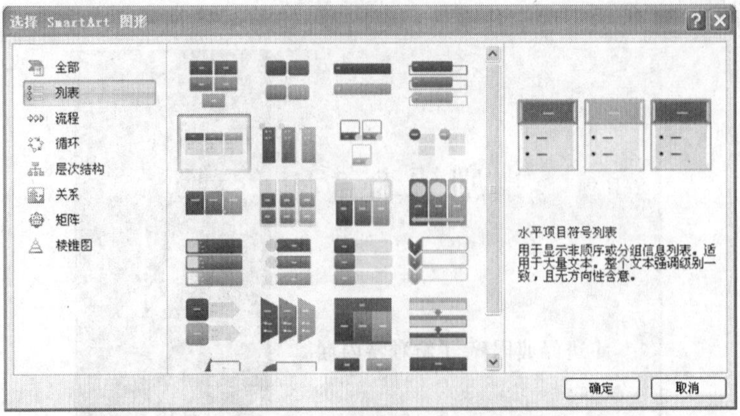

图 4-36　水平项目符号列表

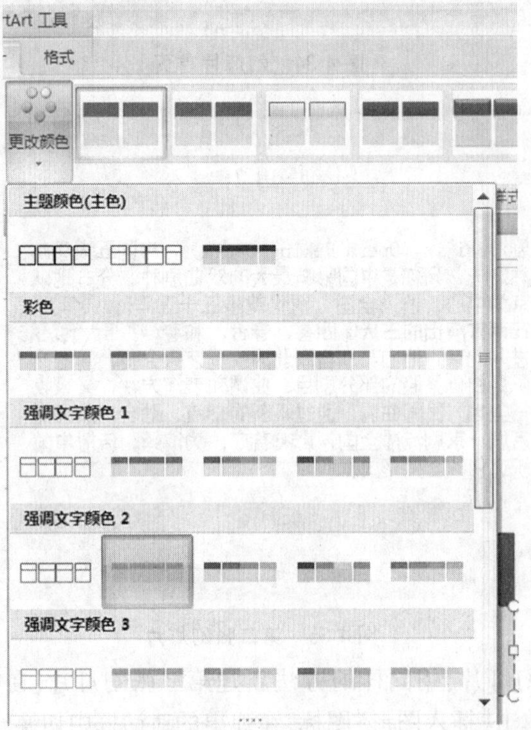

图 4-37　更改颜色

“图片样式”下三角按钮,在展开的库中选择“映像圆角矩形”。操作完成后,图片效果如图 4-40 所示。

(9)用同样的方法在右侧的内容占位符中插入需要的图片,然后进行相应的设置。

(10)使用排练计时。如果用户需要设置该幻灯片为自动放映,则可以使用排练计时功能,为每张幻灯片设置固定的放映时间,时间到后自动进行下一张幻灯片的放映;在“幻灯片放映”选项卡上,单击“设置”组中的【排练计时】按钮,此时用户可以在放映幻灯片时进行排练计时的设置,如图 4-41 所示,单击“预演”对话框中的【下一项】按钮进行下

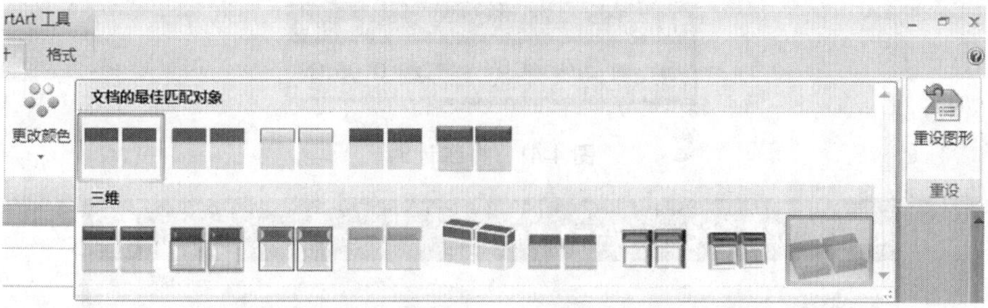

图 4-38　设置 SmartArt 图形的三维效果

图 4-39　插入图片

图 4-40　图片格式设置后的效果

一张幻灯片的放映时间设置。设置完成后，退出放映时弹出提示框，如图 4-42 所示，提示用户是否保留新的幻灯片排练时间，单击【是】按钮。

此时返回演示文稿中，在幻灯片浏览视图中，用户可以看到每张幻灯片的放映时间，如图 4-43 所示。

图 4-41　排练计时

图 4-42　排练计时提示框

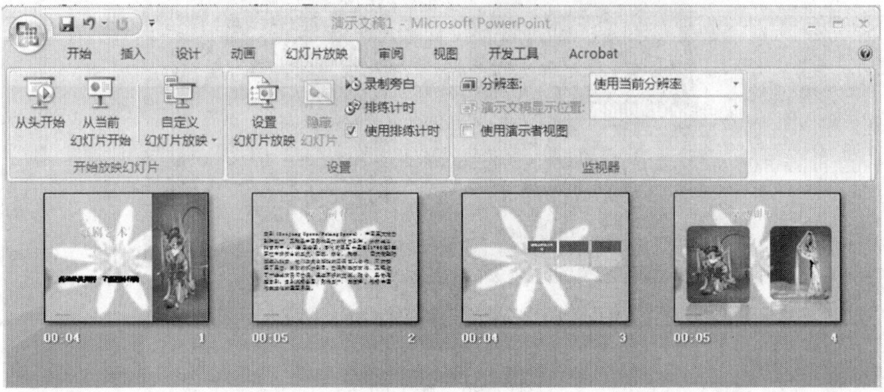

图 4-43　排练计时的放映时间

三、操作内容

(1)制作一个自己专业的宣传片,要求图文并茂,需使用幻灯片模板、自定义动画、超链接等效果。

(2)用 PowerPoint 2007 制作一份自己的个性简历。

任务六　PowerPoint 2007 综合操作二

一、目的及要求

(1)掌握在幻灯片中添加形状的方法。

(2)掌握在幻灯片中添加 SmartArt 图形的方法。

(3)掌握在幻灯片中添加自定义动画的方法。

二、示例

以制作"iPad 产品介绍"为例,操作步骤如下:

(1)新建一个空白演示文稿,在“视图”选项卡的“演示文稿视图”组中单击【幻灯片母版】按钮,切换到幻灯片母版视图。在“幻灯片母版”选项卡的“背景”组中单击【背景样式】按钮,在弹出的下拉列表中选择“样式 9”选项,如图 4-44 所示。

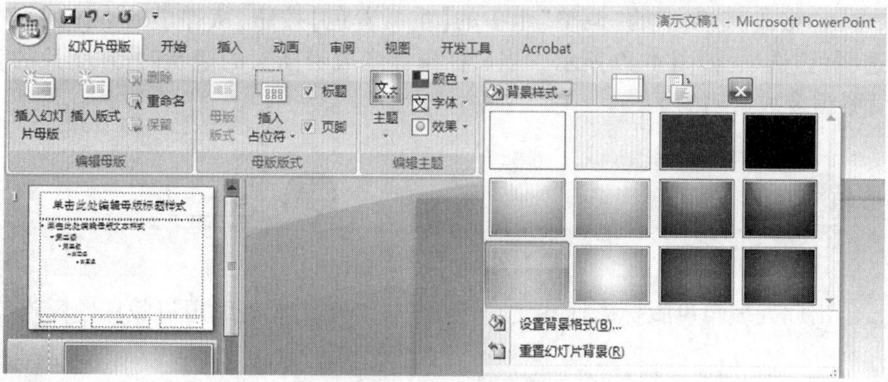

图 4-44　更改背景样式

(2)在“插入”选项卡中的“插图”组中单击【形状】按钮,在弹出的下拉列表中选择矩形工具,在幻灯片中单击并拖动鼠标,绘制一个矩形。在绘制的矩形上双击,在“绘图工具”的“格式”选项卡的“大小”组中设置矩形的大小,将形状高度设置为“3.2 厘米”,形状宽度设置为“25.4 厘米”,如图 4-45 所示。将该矩形置于幻灯片上端。在“形状样式”选项区中单击样式列表框右侧的下拉按钮,在弹出的下拉列表中选择如图 4-46 所示的样式效果。

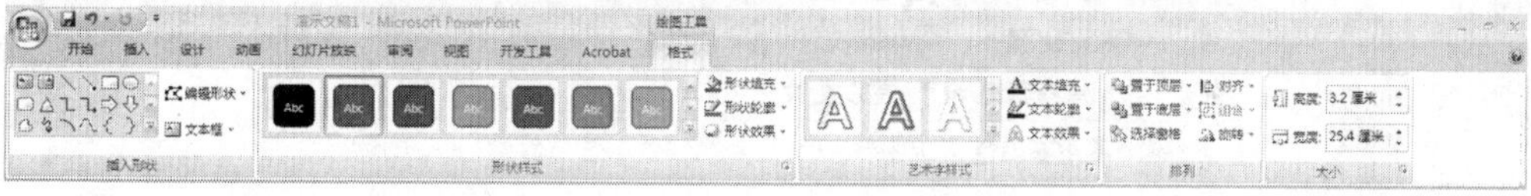

图 4-45　设置矩形大小

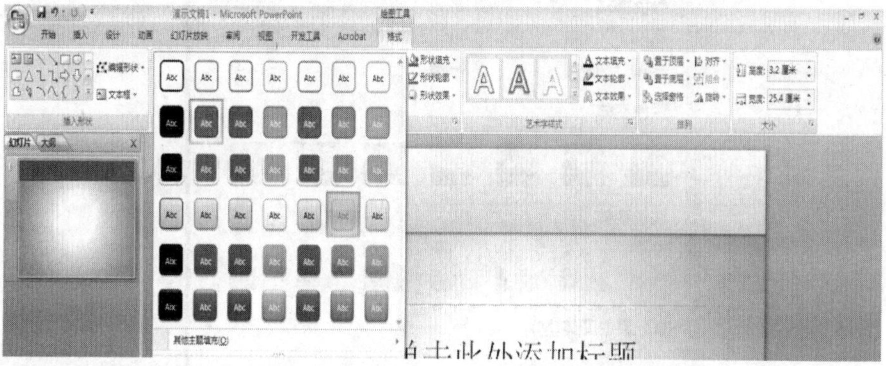

图 4-46　选择形状样式

(3)在“插入”选项卡的“插图”组中单击【形状】按钮,在弹出的下拉列表中选择椭圆工具,在幻灯片中绘制一个圆形,将其高度和宽度设为“3.2 厘米”,边框颜色设置为“橙色”。选择该圆形,在“形状样式”组中单击【形状填充】按钮,从弹出的下拉列表中选择

“图片”选项,在弹出的“插入图片”对话框中选择一幅准备好的图片插入,效果如图 4-47 所示。

(4)在幻灯片中插入第二张图片,如图 4-48 所示。选中刚插入的图片,在“图片工具”中,单击“格式”选项卡的“调整”组中的【重新着色】按钮,从弹出的下拉列表中选择“设置透明色”选项,如图 4-49 所示。当鼠标指针变成带箭头的笔状时,在图片的背景上单击,背景就变成透明的了。

图 4-47　填充图片

图 4-48　插入图片

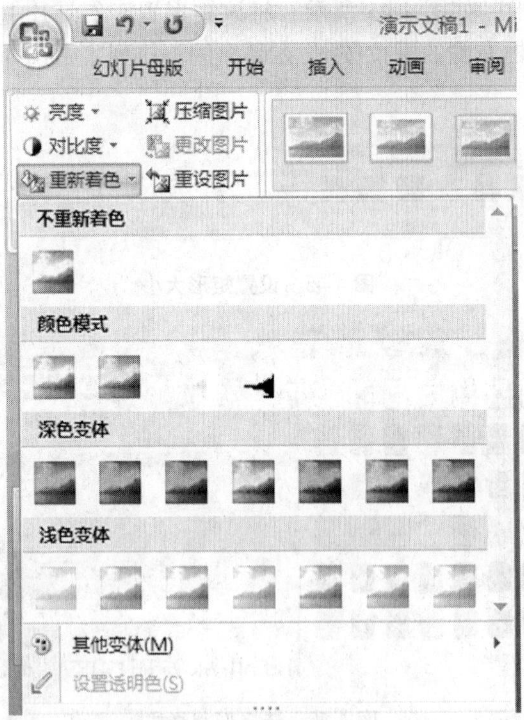

图 4-49　设置透明色

(5)重复上述操作,将“标题和内容版式”设置为相同,再单击【关闭母版视图】按钮返回普通视图,将幻灯片中的文本占位符选中后删除。

(6)在“插入”选项卡的“插图”组中单击【形状】按钮,在弹出的下拉列表中选择圆角矩形工具,在幻灯片中绘制一个圆角矩形,将其填充颜色设置为“深蓝”,并去除边框线,如图 4-50 所示。在“插入”选项卡中的“插图”组中单击【图片】按钮,在弹出的“插入图片”对话框中选择一幅准备好的图片插入到幻灯片中,如图 4-51 所示,将其设置为透明色。在幻灯片中插入一个横向文本框,并在其中输入文字,为其设置合适的字号和字体,如图 4-52 所示。

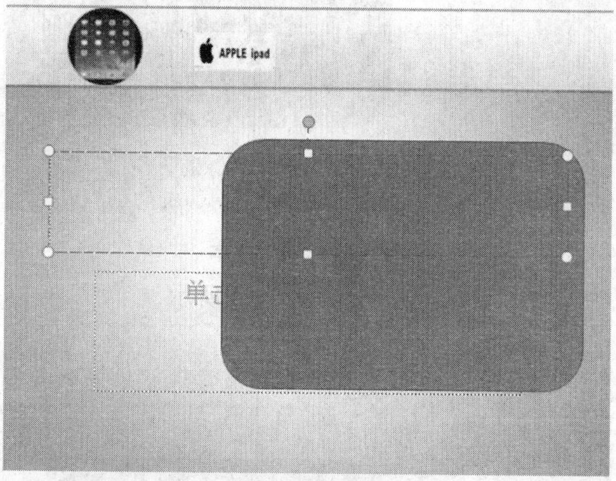

图 4-50　插入圆角矩形

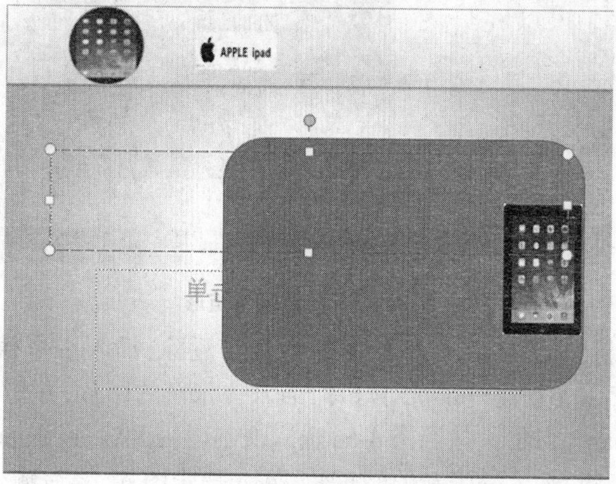

图 4-51　插入图片

(7)在“插入”选项卡的“插图”组中单击【形状】按钮,在弹出的下拉列表中选择圆角矩形工具,在幻灯片中绘制一个圆角矩形,将圆角弧度拖动到最大,并去除边框线。选中创建的圆角矩形,在“形状样式”下拉列表中选择“细微效果—强调颜色 1”选项,并将其边框设置为“无”。在“形状样式”选项组中单击【形状效果】按钮,从弹出的下拉列表中选择“阴影—透视—右下对角透视”选项,效果如图 4-53 所示。在圆角矩形上单击右键,在弹出的快捷菜单中选择“编辑文字”命令,在圆角矩形上输入文字“产品简介”,字体设置为“华文新魏”,字号为“19”。复制两个圆角矩形,将文本修改为“主要功能”和“相关

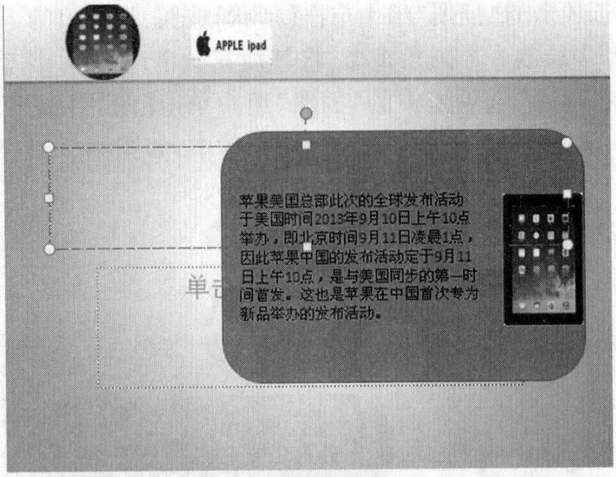

图 4-52　输入文本

参数”，将它们设置为左对齐和纵向分布，如图 4-54 所示。

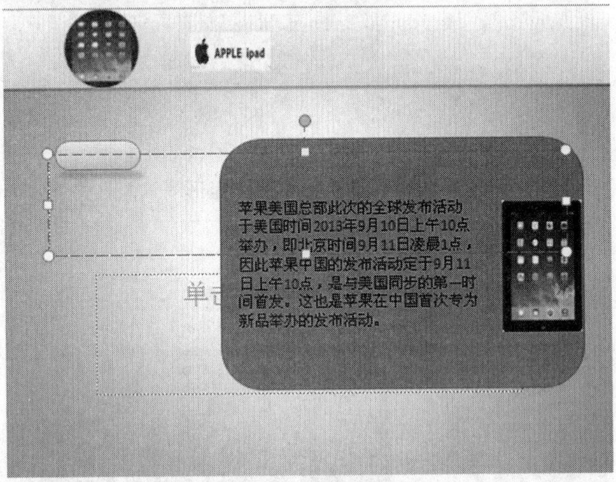

图 4-53　创建圆角矩形

（8）创建一张新幻灯片，将幻灯片中的占位符删除，插入一个横向文本框，输入如图 4-55 所示的文字。再创建一张新幻灯片，插入一张新的图片，并将白色背景设置为透明色，之后插入 SmartArt 图形，按照图 4-56 输入文本内容，然后设置 SmartArt 图形的颜色和样式。按 Ctrl+M 键，插入一张新的幻灯片，插入一张图片，之后输入如图 4-57 所示的文本，并设置字体。

（9）选中幻灯片 1，选中“产品简介”，单击右键，在弹出的快捷菜单中选择“超链接”命令，弹出“插入超链接”对话框，从中选择本文档中的“幻灯片 2”作为链接对象，如图 4-30 所示。用同样的方法为其他两个按钮设置超链接。

（10）选中幻灯片 1 中的图片，在“动画”选项卡的“动画”选项组中单击【自定义动画】按钮，打开“自定义动画”任务窗格，如图 4-58 所示。依次选择“添加效果”→“进入”→“其他效果”命令，弹出“添加进入效果”对话框，并进行相关设置。用同样的方法为其他幻灯片中的对象添加适当的动画效果。

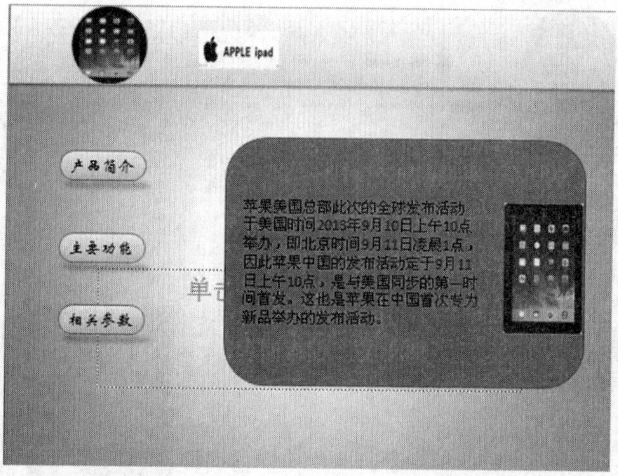

图 4-54　复制圆角矩形

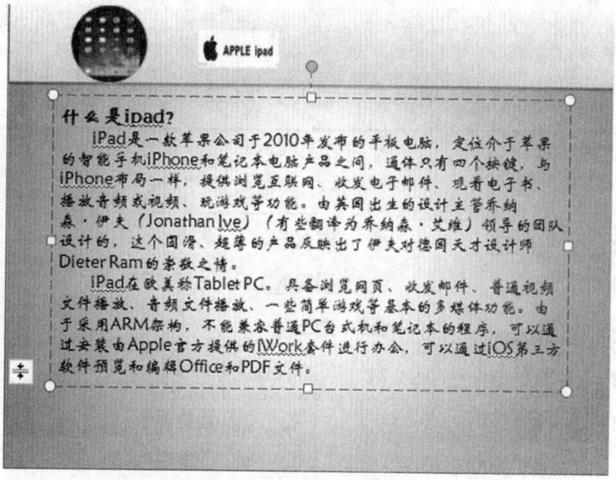

图 4-55　输入文本(一)

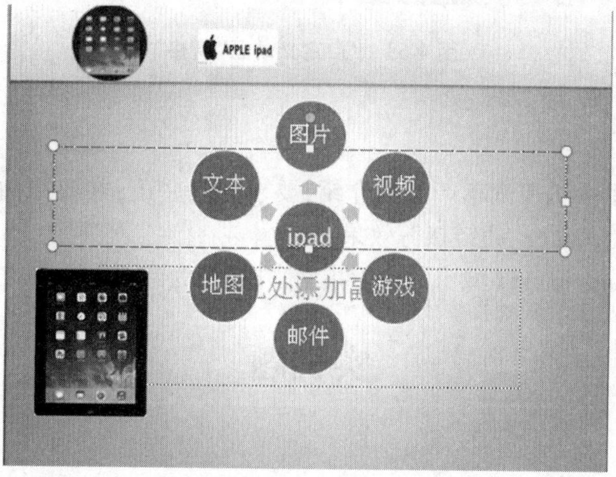

图 4-56　插入 SmartArt 图形

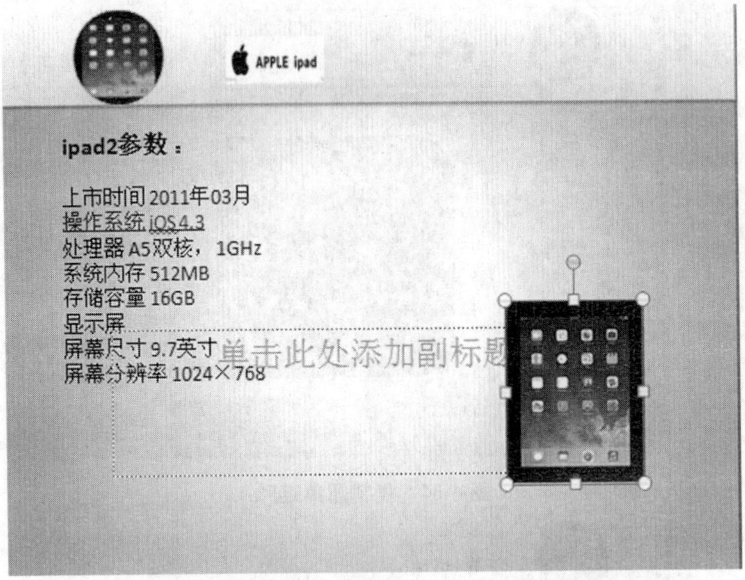

图 4-57　输入文本(二)

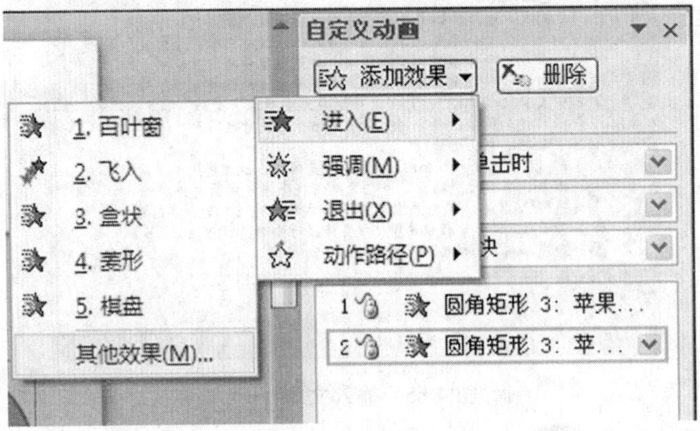

图 4-58　“自定义动画”窗格

三、操作内容

(1)制作某一款手机或汽车产品的介绍,要求图文并茂,并应用插入影片功能,需使用幻灯片模板、自定义动画、超链接等效果。

(2)用 PowerPoint 制作某城市的旅游指南,并发布为网页。

实训题

一、判断题

1. 利用 PowerPoint 2007 可以把演示文稿存储成 DOC 格式。　(　　)

2. PowerPoint 2007 中具有新建、打开、保存等按钮的工具栏是常用工具栏。　(　　)

3. 在 PowerPoint 2007 中,在文字区中输入文字,只要单击鼠标即可。 ( )

4. 在 PowerPoint 2007 中,"剪切"命令仅将文本删除。 ( )

5. 在 PowerPoint 2007 中,采用幻灯片浏览视图模式,用户可以看到整个演示文稿的内容和整体效果,可以浏览各幻灯片及其相对位置。 ( )

6. 在 PowerPoint 2007 中,可以在利用"绘图"工具绘制的图形中加入文字。 ( )

7. 在 PowerPoint 2007 中,可以对普通文字进行三维效果设置。 ( )

8. 在 PowerPoint 2007 中放映幻灯片时,按 Esc 键可以结束幻灯片放映。 ( )

9. 在 PowerPoint 2007 中,在幻灯片浏览视图中复制某张幻灯片,可按 Ctrl 键的同时用鼠标拖放幻灯片到目标位置。 ( )

10. 在 PowerPoint 2007 中,将一张幻灯片上的内容全部选定的快捷键是 Ctrl+A。 ( )

11. 在 PowerPoint 演示文稿的播放过程中,只能使用鼠标控制文稿的播放,不能使用键盘。 ( )

12. PowerPoint 通过母版来控制幻灯片的不同部分,对标题母版所做的修改不会影响到非标题版式的幻灯片。 ( )

13. 在使用 PowerPoint 时,要取消已设置的超链接,可将鼠标指针移向设置了超链接的对象,单击右键,在弹出的快捷菜单中选择"超链接"→"删除超链接"。 ( )

14. 母版可以预先定义前景颜色、文本颜色和字体大小。 ( )

15. PowerPoint 2007 演示文稿中可以插入 Microsoft 提供的剪贴画,但不能插入 JPG、GIF、BMP 等格式的图形文件。 ( )

16. PowerPoint 2007 提供了演讲者放映、观众自行浏览和展台浏览三种演示文稿的播放方式,供用户根据自己的需要选择。 ( )

17. 一组幻灯片只能采用一种配色方案。 ( )

18. 配色方案采用模板自带的,用户不能自行更改。 ( )

19. 在 PowerPoint 2007 的大纲视图中,可以增加、删除、移动幻灯片。 ( )

20. 在 PowerPoint 2007 中,备注页的内容是存储在与演示文稿不同的文件中。 ( )

21. 在 PowerPoint 2007 中,演示文稿的任何文字对象都可以在大纲视图中编辑。 ( )

22. 在 PowerPoint 2007 的幻灯片视图中,单击一个对象后,按住 Ctrl 键,再单击另一个对象,则两个对象均被选中。 ( )

23. 在 PowerPoint 2007 的幻灯片放映过程中,用户可以在幻灯片上写字或画画,这些内容将保存在幻灯片中。 ( )

24. 要放映幻灯片,不管是单击"幻灯片放映"下的"观看放映"按钮,还是单击"视图"下的"幻灯片放映"按钮,都从第一张放映。 ( )

25. 除幻灯片放映视图外,在其他任何一种视图方式下都可以设置所需的显示比例。 ( )

26. 幻灯片窗格用于添加与幻灯片内容相关的备注，供演讲者演示文稿时参考使用。（ ）

27. 普通视图是 PowerPoint 2007 的默认视图，该视图主要由"幻灯片/大纲"选项卡、"幻灯片窗格"和"备注窗格"组成。（ ）

28. 在幻灯片浏览视图中，所有幻灯片以缩略图形式排列在屏幕上，包括幻灯片文字，但不包括图形内容。（ ）

29. 在幻灯片浏览视图中，可以进行的操作有更改幻灯片顺序、删除幻灯片、复制幻灯片。（ ）

30. 通过 Ctrl+O 组合键，可创建一个新的演示文稿。（ ）

31. 模板是 PowerPoint 2007 为了方便用户能创建出统一风格（如对象的搭配、色彩的设置、主题的应用、文本的布局等）的演示文稿而设计的。（ ）

32. 如果没有保存而直接关闭演示文稿，PowerPoint 2007 会在关闭前弹出提示对话框，询问用户是否保存该演示文稿。（ ）

33. 幻灯片的页面设置决定了幻灯片、备注页、讲义及大纲在屏幕和打印纸上的尺寸和方向，用户不可以改变这些设置。（ ）

34. 选择多张连续的幻灯片的方法是：单击要选择的多张幻灯片的第一张，按住 Shift 键，再单击要选择的最后一张，即可选择从第一张到最后一张的所有幻灯片。（ ）

35. 选择多张不连续的幻灯片的方法是：按住 Ctrl 键，单击不同的幻灯片。（ ）

36. 如果在选择的过程中错误地选择了某张幻灯片，在按住 Shift 键的同时单击此幻灯片即可取消选择。（ ）

37. 在默认情况下，将幻灯片粘贴到演示文稿中的新位置时，不会继承原幻灯片的主题。（ ）

38. 在幻灯片编辑的过程中，如果需要将一张幻灯片放在演示文稿中，却不希望它在幻灯片放映中出现，则可以采用隐藏幻灯片的方法。（ ）

39. 幻灯片被隐藏后，仍然留在文件中。（ ）

40. 占位符是一种带有虚线或阴影线边缘的方框。在占位符中可以放置标题、正文等文本对象。（ ）

41. 在文本占位符中可以添加表格、图表、SmartArt 图形，但不能添加图片和多媒体。（ ）

42. 在 PowerPoint 2007 中，文本框通常需要人工添加，并可以拖动到任何地方放置。（ ）

43. 文本框填充是指在文本框内部添加颜色，包括纯色、渐变色或者图片，填充的范围仅为文本框边框内部。（ ）

44. 当演示文稿中插入较大的图片时，会使演示文稿体积变大，可以将图片进行压缩，以使其变小。（ ）

45. 在 PowerPoint 2007 演示文稿中，绘制图表并非是创建链接到 Excel 2007 中的图表。（ ）

46. 版式是指幻灯片上标题和副标题的文本、列表、图片、表格、图表、自选图形和视频

等元素的排列方式。（　　）

47. PowerPoint 2007 自带了多种预设主题，用户可以直接使用这些主题创建演示文稿。（　　）

48. PowerPoint 2007 包括三种母版：幻灯片母版、讲义母版和备注母版，对母版的任何编辑都将直接应用于所有幻灯片。（　　）

49. 在 PowerPoint 2007 中，除提供进入、退出、强调三类动画效果外，还提供了动作路径功能，用户可以该功能为对象指定运动路径。（　　）

50. “展台浏览方式”的特点是全屏幕放映演示文稿，演讲者可以控制放映进程。（　　）

51. 动作按钮是一个现成的按钮，可将其插入到演示文稿中，也可以为其定义超链接。（　　）

52. 在 PowerPoint 2007 中，插入声音文件后，系统默认单击时播放。（　　）

53. 通过设置，影片文件也可以嵌入到演示文稿中。（　　）

54. PowerPoint 2007 新增的 SmartArt 图形工具分为“列表”“流程”“循环”“层次结构”“关系”“矩阵”“棱锥图”等。（　　）

55. “打包成 CD”命令的功能是将一个或多个演示文稿随同支持文件复制到 CD 中。（　　）

56. 在 PowerPoint 2007 中，使用动画可以吸引观众的视线，因为动画效果越多越好。（　　）

57. 在 Office 2007 中，不同软件之间的数据可以共享和相互引用。（　　）

58. PowerPoint 2007 的文件恢复功能可以随时自动保存演示文稿。（　　）

59. 幻灯片背景可以是简单的颜色、纹理和填充效果，也可以是具有图案效果的图片文件。（　　）

60. 排练计时功能可以记录每张幻灯片的放映时间，但总时间无法显示。（　　）

二、选择题

1. PowerPoint 2007 演示文稿的扩展名为（　　）。

A. .ppt　　B. .pps　　C. .pptx　　D. .htm

2. 如果要为幻灯片设置统一的外观，可以通过（　　）进行设置。

A. 主题　　B. 模板　　C. 配色方案　　D. 母版

3. 用户利用（　　）可以在 PowerPoint 2007 演示文稿中以简便的方式创建信息的可编辑图示。

A. 图形　　B. SmartArt 图形　　C. 形状　　D. 图片

4. 在 PowerPoint 2007 中，打开演示文稿后，按（　　）键即可启动幻灯片放映。

A. F2　　B. F4　　C. F5　　D. F11

5. 在 PowerPoint 2007 中，幻灯片母版是（　　）。

A. 统一文稿各种格式的特殊幻灯片　　B. 用户自行设计的幻灯片模板

C. 用户定义的第一张幻灯片　　D. 幻灯片模板的总称

6. 绘制椭圆图形时，按住（　　）键可绘制正圆形。

A. Shift　　B. Ctrl　　C. Delete　　D. Alt

7. 将一个幻灯片上多个已选中的自选图形组合成一个复合图形,可以使用绘图工具中的(　　)选项卡。

A. 插入　　B. 设计　　C. 格式　　D. 视图

8. 改变对象大小时,按住 Ctrl 键时出现的结果是(　　)。

A. 以图形对象的中心为基点进行缩放

B. 按图形对象的比例改变图形的大小

C. 只有图形对象的高度发生变化

D. 只有图形对象的宽度发生变化

9. 选择不连续的多张幻灯片,可以借助(　　)键。

A. Shift　　B. Ctrl　　C. Tab　　D. Alt

10. 在 PowerPoint 2007 中,插入幻灯片的操作可以在(　　)下进行。

A. 普通视图　　B. 幻灯片浏览视图

C. 大纲视图　　D. 以上三种视图方式都可以

11. 在 PowerPoint 2007 中,选择一个自选图形,然后打开"格式"选项卡,不能改变图形的(　　)。

A. 旋转角度　　B. 转为 SmartArt 图形

C. 大小尺寸　　D. 形状样式

12. 在 PowerPoint 2007 中,执行"插入新幻灯片"的操作后,被插入的幻灯片将出现在(　　)。

A. 当前幻灯片之前　　B. 当前幻灯片之后

C. 最前　　D. 最后

13. PowerPoint 2007 中没有的对齐方式是(　　)。

A. 两端对齐　　B. 分散对齐

C. 右对齐　　D. 向上对齐

14. 下列中的(　　)不能在绘制的形状上添加文本,然后输入文本。

A. 在形状上单击右键,选择"编辑文字"命令

B. 使用"插入"选项卡中的"文本框"命令

C. 单击该形状,然后按 Enter 键

D. 只要在该形状上单击一下鼠标左键

15. 在 PowerPoint 2007 中,不属于文本占位符的是(　)

A. 标题　　B. 副标题　　C. 图表　　D. 普通文本框

16. PowerPoint 2007 提供了多种(　　),包含了相应的配色方案、母版和字体样式等,可供用户快速生成风格统一的演示文稿。

A. 版式　　B. 模板　　C. 母版　　D. 幻灯片

17. 演示文稿中的每一张演示的单页称为(　　),它是演示文稿的核心。

A. 版式　　B. 模板　　C. 母版　　D. 幻灯片

18. 下列操作中,不是退出 PowerPoint 2007 的操作的是(　　)。

A. 单击“Office”菜单中的“关闭”命令

B. 单击“Office”菜单中的“退出”命令

C. 按组合键 Alt+F4

D. 单击 PowerPoint 2007 窗口右上角的“关闭”按钮

19. PowerPoint 2007 的视图包括(　　)。

A. 普通视图、大纲视图、幻灯片浏览视图、讲义视图

B. 普通视图、大纲视图、幻灯片视图、幻灯片浏览视图、备注页视图

C. 普通视图、大纲视图、幻灯片视图、幻灯片浏览视图、幻灯片放映

D. 普通视图、大纲视图、幻灯片视图、幻灯片浏览视图、文本视图

20. PowerPoint 2007 是 Microsoft Office 2007 中的一个(　　)组件。

A. 文字处理　　B. 表格处理　　C. 图形处理　　D. 文稿演示

21. 演讲者查阅及播放演示文稿时,对各幻灯片加以说明的是(　　)。

A. 备注窗格　　B. 大纲窗格　　C. 幻灯片窗格　　D. 批注窗格

22. 关闭 PowerPoint 2007 时会提示是否要保存对 PowerPoint 2007 的修改,如果不需要保存该修改,应选择(　　)。

A. 是　　B. 否　　C. 取消　　D. 不予理睬

23. 下列说法中正确的是(　　)。

A. 背景命令只能为一张幻灯片添加背景

B. 背景命令能为所有幻灯片添加背景

C. 背景命令既可以为一张幻灯片添加背景,也可以为所有幻灯片添加背景

D. 以上说法都不对

24. 当新插入的剪贴画遮挡住原来的对象时,下列说法中不正确的是(　　)。

A. 可以调整剪贴画的大小

B. 可以调整剪贴画的位置

C. 只能删除这个剪贴画,更换大小合适的剪贴画

D. 调整剪贴画的叠放次序,将被遮挡的对象提前

25. 如果用户一次性输入大量文本,可以在(　　)中进行。

A. 占位符　　B. 文本框　　C. 大纲窗格　　D. 幻灯片窗格

26. 下列有关组合图形的说法中,正确的是(　　)。

A. 组合后的图形可以整体移动,但不能整体调整大小

B. 可以单独设置组合图形的某个图形的填充效果及线条样式

C. 可以调整组合图形中的某个图形的大小

D. 组合的图形不能与其他图形再组合

27. 将声音插入到幻灯片中之后,用户可以采用(　　)方式进行触发。

A. 从头开始　　B. 从上一位置

C. 设置开始位置　　D. 以上都可以

28. 在 PowerPoint 2007 中,用户可以使用(　　)方式插入影片。

A. 剪辑库中的影片　　B. 来自文件的影片

C. 来自 CD 的影片　　D. 来自 DVD 的影片

29. 如果要更改幻灯片中的版式,可以在(　　)选项卡中进行设置。

A. 开始　　B. 插入　　C. 幻灯片放映　　D. 视图

30. 在幻灯片中插入超链接时,(　　)可以设置为链接对象。

A. 原有文件或网页　　B. 本文档中的某张幻灯片

C. 新建文档　　D. 以上都可以

31. 在放映幻灯片时,用户不可以设置的是(　　)。

A. 设置幻灯片的放映范围　　B. 选择观众自行浏览方式放映

C. 设置放映幻灯片的比例　　D. 选择以演讲者放映方式放映

32. 自定义放映是指(　　)。

A. 在放映时,可以在幻灯片间直接随意跳转

B. 用户可以设置幻灯片放映时的顺序

C. 将演示文稿中的一些不同幻灯片组合起来,然后在放映时播放

D. 设置放映的切换方式

33. 以下控制幻灯片放映的方法中,不正确的是(　　)。

A. 按 Page Up 键一次,播放前一张幻灯片

B. 按 Ctrl 键一次,播放前一张幻灯片

C. 按向右方向键一次,播放下一张幻灯片

D. 按空格键一次,播放下一张幻灯片

34. 为幻灯片添加动作按钮,可以(　　)。

A. 编辑幻灯片放映时的切换效果

B. 放映时修改幻灯片中的内容

C. 将演示文稿以电子邮件的方式发送

D. 链接到其他的幻灯片或者运行一个程序等

35. 在(　　)中单击"打印预览"按钮,可以预览打印效果。

A. "快速访问"工具栏　　B. "开始"选项卡

C. "视图"选项卡　　D. "设计"选项卡

36. 在 PowerPoint 2007 中,用户可以将演示文稿打包为(　　)。

A. 文件　　B. 文件夹　　C. CD　　D. 硬盘

37. PowerPoint 2007 相对于以前版本的改进不包括(　　)。

A. 全新的直观型外观　　B. 新增和改进的特效

C. 增强的安全性　　D. 新增了备注页视图

38. PowerPoint 2007 新添加的界面组件为(　　)。

A. 任务菜单　　B. 功能区

C. 备注窗格　　D. 快速访问工具条

39. 用户编辑演示文稿时的主要视图是(　　)。

A. 普通视图　　B. 幻灯片浏览视图

C. 备注页视图　　D. 幻灯片放映视图

40. 幻灯片的主题不包括(　　)。

A. 主题动画　B. 主题颜色　C. 主题字体　D. 主题效果

41. 在幻灯片浏览视图中,可使用(　　)键+拖动来复制选定的幻灯片。

A. Ctrl　B. Alt　C. Shift　D. Tab

42. 在空白幻灯片中不可以直接插入(　　)。

A. 文本框　B. 文字　C. 艺术字　D. Word 表格

43. 幻灯片中占位符的作用是(　　)。

A. 表示文本长度　B. 限制插入对象的数量

C. 表示图形大小　D. 为文本、图形预留位置

44. 在幻灯片中插入艺术字,需要单击"插入"选项卡,在功能区的(　　)组中单击"艺术字"按钮。

A. 文本　B. 表格　C. 图形　D. 插画

45. 在 PowerPoint 2007 中也可以完成统计、计算等功能,是通过插入(　　)来实现的。

A. 空白表格　B. Excel 表格

C. 绘制表格　D. SmartArt 图形

46. 下列选项中,不属于"插图"选项卡的是(　　)。

A. 图片　B. 剪贴画　C. 表格　D. Smart Art 图形

47. SmartArt 图形不包含下面的(　　)。

A. 图表　B. 流程图　C. 循环图　D. 层次结构图

48. 关于在幻灯片中添加影片,正确的是(　　)。

A. "图片工具"用于控制放映窗口的外观和样式

B. "图片工具"用于控制影片的放映方式

C. "自动"表示单击鼠标后再开始播放

D. "影片工具"用于控制放映窗口的外观和样式

49. 在 PowerPoint 2007 中,通过(　　)的方式来插入 Flash 动画。

A. 插入 ActiveX 控件　B. 插入影片

C. 插入声音　D. 插入插图

50. 在演示文稿中,插入的超链接中所链接的目标可以是(　　)。

A. 另一个演示文稿　B. 同一演示文稿的某一张幻灯片

C. 其他应用程序的文档　D. 以上都可以

51. 下列对象中不可以设置链接的是(　　)。

A. 文本上　B. 背景上　C. 图形上　D. 剪贴画上

52. 备注页中不可以添加的对象有(　　)。

A. 文本　B. 影片　C. 图表　D. 图片

53. 幻灯片母版是模板的一部分,它存储的信息不包括(　　)。

A. 文本内容

B. 颜色主题、效果和动画

C. 文本和对象占位符的大小

D. 文本和对象在幻灯片上的放置位置

54. 改变演示文稿外观可以通过(　　)。

A. 修改主题　　B. 修改背景样式

C. 修改母版　　D. 以上三种都可以

55. 要在某一张幻灯片中设置不同元素的动画效果,应使用"动画"组中的(　　)按钮。

A. 自定义动画　　B. 幻灯片切换

C. 动作设置　　D. 自定义放映

56. 在 PowerPoint 2007 的"幻灯片切换"对话框中,允许的设置是(　　)。

A. 设置幻灯片切换时的视觉效果和听觉效果

B. 只能设置幻灯片切换时的听觉效果

C. 只能设置幻灯片切换时的视觉效果

D. 只能设置幻灯片切换时的定时效果

57. 在演示文稿放映过程中,可随时按(　　)键终止放映,返回到原来的视图中。

A. Enter　　B. Esc　　C. Pause　　D. Ctrl

58. 设置幻灯片放映时间的命令是(　　)。

A. "幻灯片放映"菜单中的"预设动画"命令

B. "幻灯片放映"菜单中的"动作设置"命令

C. "幻灯片放映"菜单中的"排练计时"命令

D. "插入"菜单中的"日期和时间"命令

59. 幻灯片放映过程中,单击右键,选择"指针选项"中的荧光笔,在讲解过程中可以进行写画,其结果是(　　)。

A. 对幻灯片进行了修改

B. 对幻灯片没有进行修改

C. 写画的内容留在了幻灯片上,下次放映时还会显示出来

D. 写画的内容可以保存起来,以便下次放映时显示出来

60. 在幻灯片放映过程中,单击鼠标右键,弹出的快捷菜单中包含(　　)。

A. 上一页:跳至当前幻灯片的前一页

B. 定位至幻灯片:跳转至演示文稿的任意页

C. 指针选项:可以在放映时给幻灯片添加标注

D. 以上全包括

61. 为了精确控制幻灯片的放映时间,一般使用(　　)操作。

A. 设置切换效果　　B. 设置换页方式

C. 排练计时　　D. 设置每隔多少时间换页

62. 打印演示文稿时,如在"打印内容"栏中选择"讲义",则每页打印纸上最多能输出(　　)张幻灯片。

A. 2　　B. 4　　C. 6　　D. 9

63. 在 PowerPoint 2007 中,“准备”菜单项包括(　　)安全措施。

A. 加密文档　　B. 限制权限

C. 添加数字签名　　D. 以上全包括

64. 下列图片类型中可以对其重新着色的是(　　)。

A. 图元文件　　B. JPEG/JPG　　C. GIF　　D. PNG

65. PowerPoint 2007 暂不支持(　　)格式的影片。

A. MIDI　　B. WAV　　C. RMVB　　D. AVI

参考文献

[1] 王移芝,罗四维.大学计算机基础教程[M].北京:高等教育出版社,2007.
[2] 杨振山,龚沛曾.大学计算机基础[M].4版.北京:高等教育出版社,2009.
[3] 冯博琴.大学计算机基础[M].北京:高等教育出版社,2008.
[4] 李秀,安颖莲,姚瑞霞,等.计算机文化基础[M].5版.北京:清华大学出版社,2012.
[5] June jamrich Parsons,Dan Oja.计算机文化[M].北京:机械工业出版社,2008.
[6] 山东省教育厅.计算机文化基础[M].东营:中国石油大学出版社,2010.
[7] Silberschatz,等.数据库系统概论[M].杨冬青,唐世渭,译.北京:机械工业出版社,2010.
[8] 周立柱,冯建华,孟小峰,等.SQL Server 数据库原理[M].北京:清华大学出版社,2011.
[9] 刘瑞新,等.计算机组装与维护[M].北京:机械工业出版社,2010.
[10] 冯博琴.大学计算机[M].北京:中国水利水电出版社,2011.
[11] 闵东.计算机选配与维修技术[M].北京:清华大学出版社,2009.
[12] 丁照宇.计算机文化基础[M].北京:电子工业出版社,2011.
[13] 北京科海培训中心.新概念 Office 2000 六合一教程[M].北京:北京科海集团公司,2009.
[14] 黄達中,黄泽钧,胡璟.计算机应用基础教程[M].北京:中国电力出版社,2012.